JN246931

世界の人々の生活に役立つ日本製品（せいひん）

あの町工場から世界へ

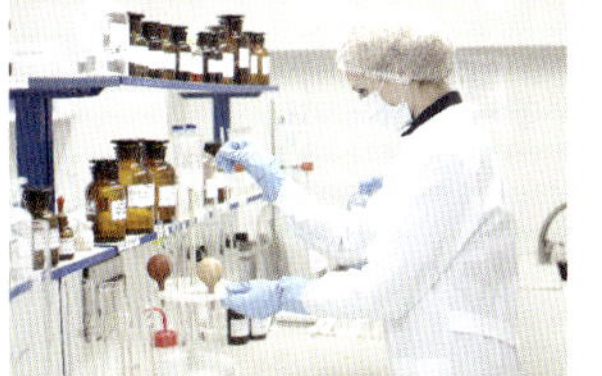
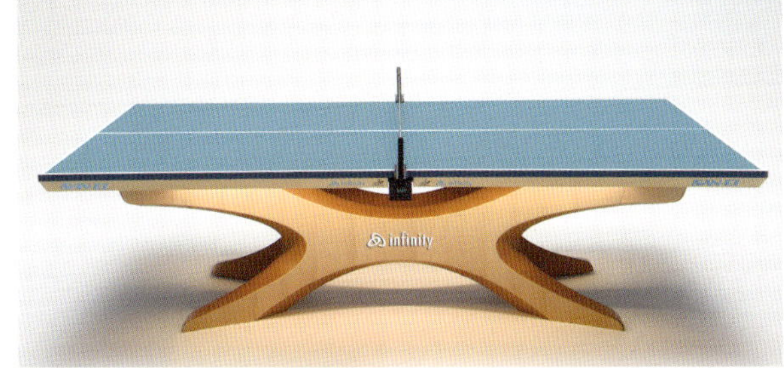

理論社

はじめに

2016（平成28）年度の日本の輸出は全体の金額で70兆357億円にもなりました。そのうち自動車が16.2%、半導体等電子部品5.2%、自動車の部分品4.9%、鉄鋼4.1%などが主力となります（財務省統計）。

このような大きな金額を輸出している製品ではありませんが、「モノづくりニッポン」を象徴するような優れた製品が、日本全国の工場から世界各地に輸出されています。そのなかから、昨年は『その町工場から世界へ』で、機械、食品から医療器具まで12社の製品を紹介しました。

今回も通商産業省の「グローバル・ニッチ・トップ（GNT）」に選ばれている会社や、中小企業庁の「元気なモノ作り中小企業300社」に選ばれた会社を中心に、日本経済新聞の記事「地域発世界へ」で取り上げられた会社などのなかから取材に協力してくださった13社の製品を紹介します。

目次

第1章 機械編

登場するどの会社にも共通するのは、研究熱心であることや高い技術力をもっていること、利用者の話をよく聞いて、その要望に応えようとしているところです。さらに今回紹介する会社に共通して感じられることは、いつも新しいものを生み出そうとする意欲です。ある会社の社長さんは社員に向かって、「5年後にはまったく違う製品を作る会社になっているかもしれない」と話しているそうです。そして、事実この会社は5年前とは全然違う製品も生み出しています。ひとつの成功に安心しないというところが、世界に受け入れられる商品を生み出す基本なのかもしれません。

この本のシリーズのタイトルを「世界のあちこちでニッポン」としているのは、世界中のあちこちでニッポン製品が人々の生活に役立っていることと、より良い製品を生み出すために、ニッポン人が世界のあちこちを駆け回っていることを紹介するシリーズとしているためです。

第2章 モノ・道具編

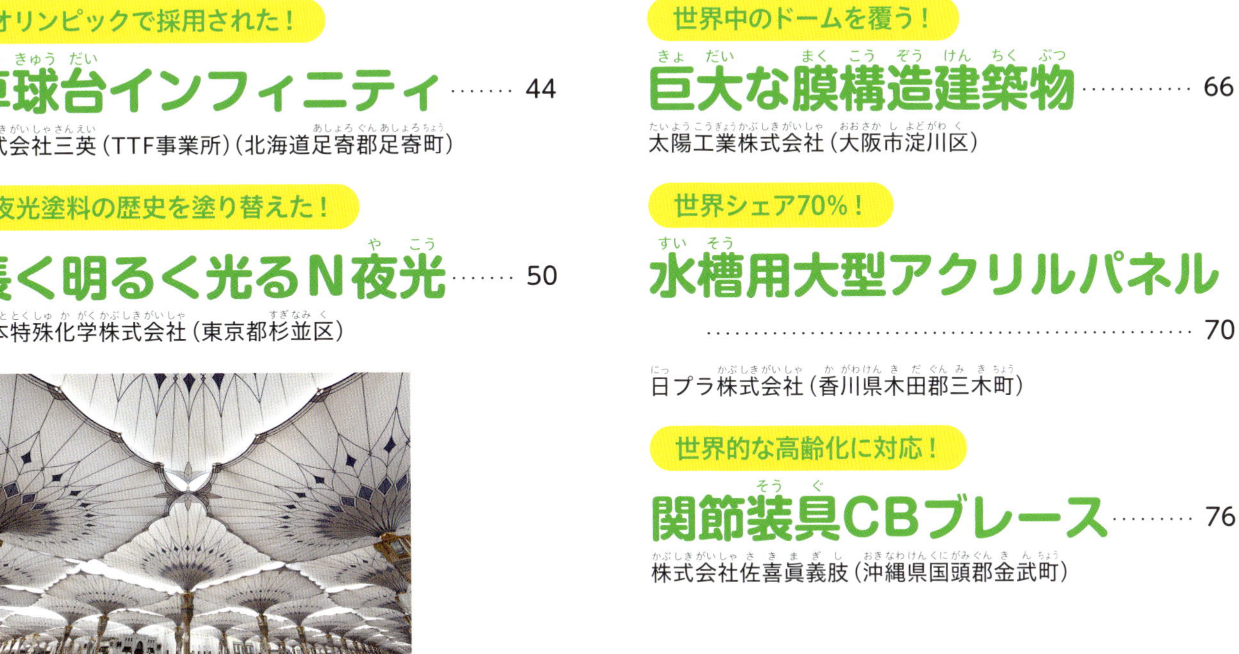

モノづくりと地域の自然、歴史との深いつながり

ユニークな製品と、地域の自然や歴史との関係に注目しよう

「モノづくりニッポン」とよく言われます。この本で紹介する製品は、そう呼ばれるにふさわしい物ばかりです。その優秀さが世界の人々に認められて、多くの国々の人に利用されています。でも、製品の原点は、意外なことに生産地の自然環境や歴史にあったりします。

海に面した函館のようにイカ漁が盛んな地域ではイカを釣るための機械が求められ、性能も向上しました。

米作りに適さない潮風の吹く土地から、世界シェア100%へ

潮風が強く、米作りに適さない土地でも、温かい地方であれば綿を育てることができます。広島県福山地方では、江戸時代から綿を生産して、織物を生産していました。明治時代になって、これが備後絣に発展します。着物から洋服に着るものが変わり、絣の生産は少なくなっていきますが、この技術が生かされてジーンズの生地、デニムを生産するようになりました。その生地の品質の高さから、アメリカから注文が届くようになります。さらには高い技術力を必要とする、伸び縮みしやすく、さらさらとはき心地の良い特殊なデニム生地では、世界で使われるこの生地の全て（世界シェア100%）を生産する会社が現れました。

自然環境が世界的なブランドの基礎になった例です。

絣生地（写真上）から、伸び縮みしやすいデニム生地（写真下）へと、作られる製品は時代に合わせて変化します。

出稼ぎから世界トップブランドへ

昔の人々は、秋に米の収穫を終えると、作物の育ちにくい寒い冬の間に何をして働き、どのように収入を得るかということを考えていました。江戸時代は藩がその指導役をしていた例もたくさんあります。

広島県の熊野の人々は、冬の農閑期の出稼ぎで得たお金で筆や墨を仕入れ、それを売りながら故郷に帰ってきていました。その後、藩が筆を作ることを指導しました。明治時代になって習字が学校の授業科目となり、筆がたくさん作られるようになっていきます。この筆から、文字を書く筆ではない「道具としての筆」として、化粧用の筆のトップブランド熊野筆が誕生してきます。世界中のモデルや俳優のメイクアップをする人々が大切に使う化粧筆になりました。

歴史的背景が一流品を生み出した例です。

ここに挙げた例はごく一部のものです。この本で紹介している13の製品についても同じように自然環境や、その町の歴史が製品誕生の背景にあることにも着目してください。

広島県の熊野筆のように、伝統技術に磨きをかけ、世界から認められた例は少なくありません。

第1章
機械編

いろいろな国の人たちの好みに合わせてモノを加工する機械、生活を便利にする機械、働く人の健康を保つための機械などを紹介します。

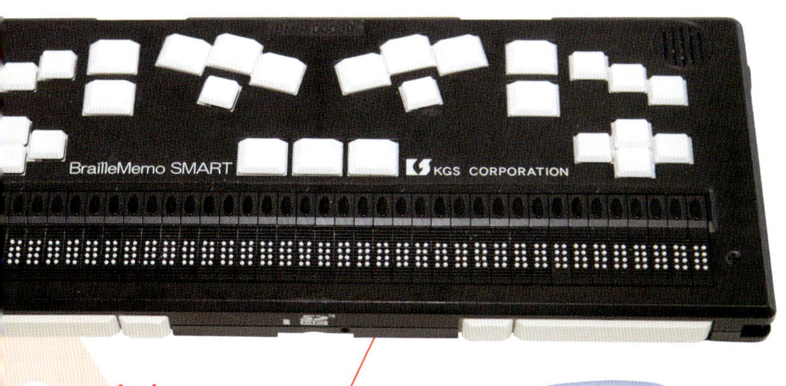

点字ディスプレイ

点字ラベラー

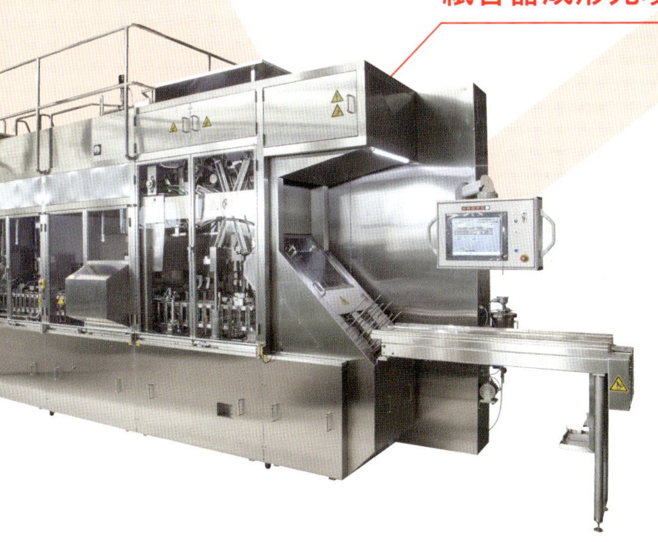

紙容器成形充填機

除湿ローター

カニカマ加工機械

欧米でも
好まれる！

山口県宇部市 株式会社ヤナギヤ

カニの食感や見た目、繊細な繊維質を再現！

カニカマ加工機械

手軽にカニのような風味と食感が楽しめる食べ物として愛されているカニ風味のかまぼこ「カニカマ」。このカニカマを製造する機械は年々進化を遂げていて、日本だけでなくアメリカやヨーロッパなど世界中で活躍しています。

カニカマ加工機械

どんな製品？

一連の作業を自動で行い 多くのタイプのカニカマを生産

カニの食感や見た目を本物と同じように再現するヤナギヤのカニカマ加工機械は、薄い魚肉シートの加熱形成、シートに細かい切れ目を入れて結束、フィルムで包みながらの着色などの一連の作業を自動で行う機械です。この装置は、年々進化をしていて、忠実にカニ肉を再現したさまざまなタイプのカニカマを作れます。

会社データ

創業 1916（大正５）年　資本金 １億円　従業員 160名
事業内容 食品加工機械（原料処理、成形、加熱、冷却、冷凍等）
所在地 山口県宇部市善和189-18

なぜ？　いつから？

「山口県宇部市」で誕生したワケ

水産業の盛んな地でかまぼこ店として創業

1916年（大正５）ヤナギヤの前身となる柳屋蒲鉾店を創業したのは柳屋元助。当時の宇部市には小さなかまぼこ店がいくつかありましたが、数年のうちに宇部市で１、２を争う店になり、その後、宇部市の蒲鉾業者10店が合同して組合となり、元助がかまぼこ製造会社の社長に就任しました。そして、蒲鉾製造業を営む中で、原料作りの機械化を考え、さまざまな水産加工機械を開発。現在の機械加工メーカーとしての基礎を築きました。

宇部かま

「宇部かま」は、新鮮な魚と地元霜降山の天然水と塩を使って作られる宇部市の特産品。「かまぼこ歴史館」ではかまぼこの歴史と昭和初期頃の製造工程を学ぶことができます。

ときわ動物園

宇部市にある、野生動物が住む環境を再現した「生息環境展示」が人気の動物園。飼育頭数国内最多のシロテテナガザルやボンネットモンキー（写真）など、貴重な動物たちを自然のままの姿で観察できます。

データで見る「かまぼこの出荷量」

かまぼこの出荷量　ベスト5

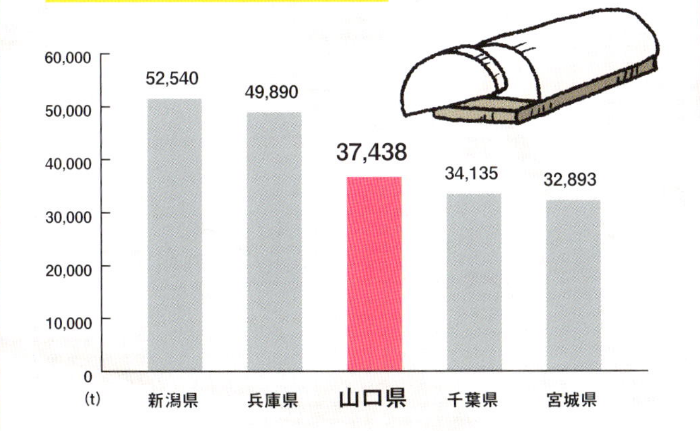

山口県では宇部市以外にも、萩市や下関市、長門市など県内沿岸部の各地で、かまぼこが生産されています。１年間の出荷量は新潟県、兵庫県に次ぐ全国３位で、魚のすり身を板に盛りつけて、直火であぶり焼きした「焼き抜きかまぼこ」は山口県が発祥です。

出典：農林水産省「水産加工統計調査」（平成27年）

宇部市ってこんなところ

明治時代は石炭産業　現在は化学工業が盛ん

宇部市は、明治時代以降に栄えた石炭産業を基礎にして発展しました。その後、戦争で市街地の大半が焼失するという不幸もありましたが、順調に復活。石炭を基盤にした化学工業が発展し、現在も宇部市では重化学工業が基幹産業になっています。また、複数の産業団地があり、ヤナギヤもその一つである瀬戸原中小企業団地にあります。

瀬戸原中小企業団地には、医薬品メーカーや印刷機器メーカーなどさまざまな企業が進出しています。

カニカマ加工機械のココがスゴイ！

カニカマの風味と食感を生み出すために、カニカマ製造機には、いろいろな技術が集まっています。

スゴイ！1 日本で初めてボールカッターを開発

球形容器の中で空気を抜きながら原料を細かく裁断して、均一に練り合わせる「ボールカッター」は、カニカマの原料製造には欠かせないものですが、ヤナギヤがカニカマ製造機を開発した当時は外国製のカッターが使われていました。そこで、ヤナギヤはボールカッターを日本の製品で開発し、国内初の機械を完成させました。

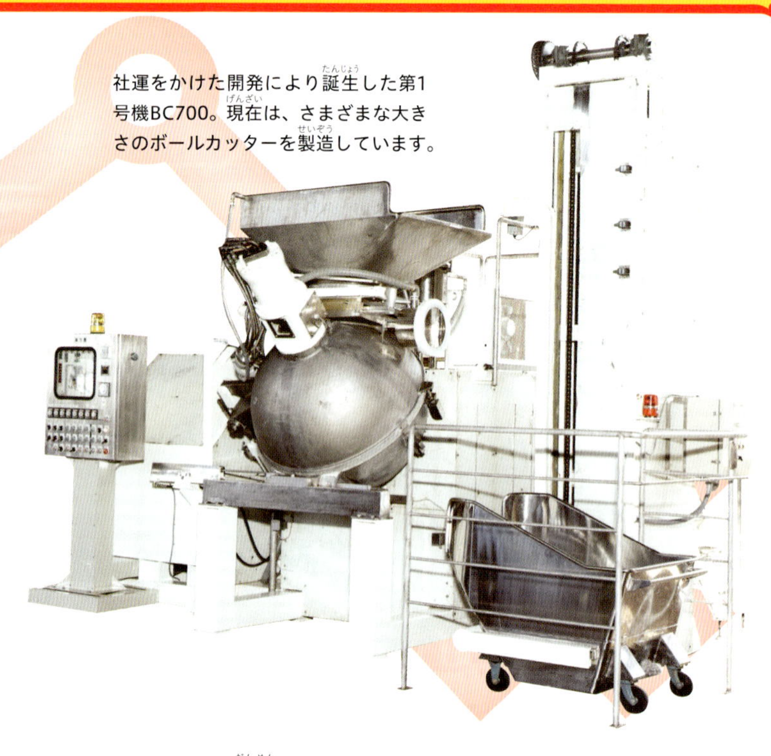

社運をかけた開発により誕生した第1号機BC700。現在は、さまざまな大きさのボールカッターを製造しています。

スゴイ！2 複数の工程を経てカニ肉を再現

カニカマの製造工程は、まず原料となるすり身を約1㎜のシート状に伸ばして蒸気で加熱します。冷却した後、食感を出すために裁断機で切れ目を入れ、棒状にまとめてから規定のサイズにカットするという複雑な工程をたどります。

シートの断面図

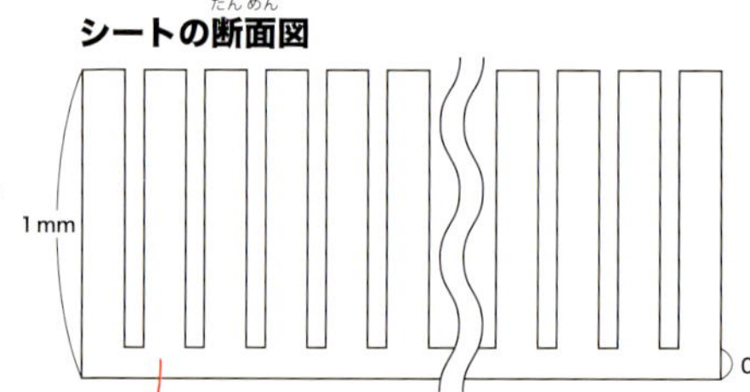

口の中に入れた時にカニ肉がほどけるような食感を出すため、左の図のように、1㎜のシートのうち0.1㎜だけ残して裁断しています。

すり身のシートを細かくする繊維状細断機で裁断する様子。内部の刃のサイズは0.6～1.5㎜まであり、この幅でシートを切断することができます。

開発メモ

「練り」の技術を使ってさまざまな加工機械を製造

ボールカッターを使った「練り」は、かまぼこなどの製造だけなく、わさびやからしなどにも活用されています。さらに、食品だけにとどまらず、医薬品や化粧品などの分野でもヤナギヤの練りの技術が注目され、さまざまなメーカーから依頼を受けて、機械を開発しています。

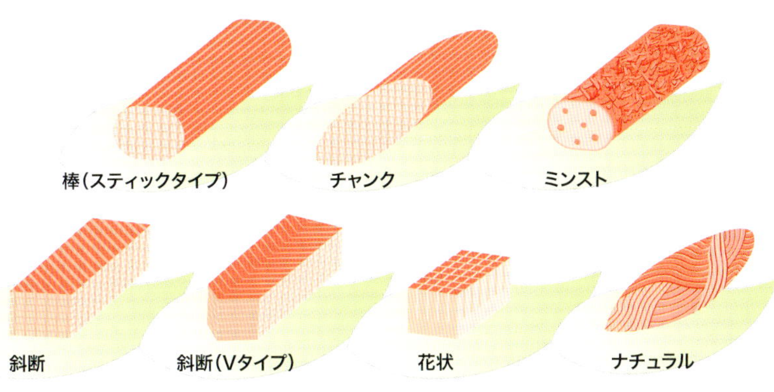

カニカマの基本的な形状。繊維パターンによって食感が大きく変わります。

スゴイ! 3 多種多様な繊維パターンが作れる

1972（昭和47）年に原型となるきざみタイプ、1974（昭和49）年にスティックタイプが誕生したカニカマ。当初は、まっすぐの繊維を直角にカットしたスティックタイプしか製造できませんでしたが、現在はさまざまな繊維パターンに対応できます。

スゴイ! 4 ニーズに合わせて進化し続けている

カニカマは、誕生以来、年々進化を続けています。最近では、より本物のカニの食感に近づけたタイプはもちろん、タラバガニの足肉をイメージしたものや、焼きガニの風味がついたものなどもあり、常に新たなカニカマへの開発を続けています。

（上）最初にできたスティックタイプは、今なおお愛されている人気商品です。（下）よりカニの食感に近づけたスーパースノークラブ。

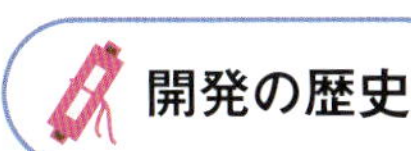

開発の歴史

納品先で深夜に調整テストを行った

カニカマ製造機の開発当時、原料のすり身が製造できなかったため、顧客に納品した機械で、夜間に調整テストを繰り返しました。そのため、設計担当チームは、納品先を次々に渡り歩くというハードな日々を送ったそうです。

1979（昭和54）年に、1号機の前身として作られたカニカマ製造装置（初号機タイプ）。

カニカマ加工機械のできるまで

機械の設計をして部品を組み立てていく

メーカーからの依頼をもとに機械の設計を行い、必要な部品を発注。完成した部品を組み立てて検査を行った後に出荷します。

1 依頼に合わせて設計を行う

メーカーの依頼をもとに、パソコン上で機械の設計を行います。

2 必要な部品を発注する

製造に必要な部品を部品メーカーに発注して、そろえます。

3 部品を組み立てて完成させる

届いた部品を組み立てて、ラインを完成させた後に出荷します。

消費者のニーズに応えながらこれからも時代に合った製品を作っていきたい

代表取締役 柳屋芳雄さん

1975（昭和50）年に社長に就任。2008（平成20）年5月から日本食品機械工業会役員を務めている。

Q1 カニカマ加工機を開発した経緯は？

私が社長に就任した1975（昭和50）年頃は、石油ショックの直後ということもあり、会社として非常に厳しい時期でした。そのような中で、社長就任から4年目に当時出回り始めたカニカマのことを知り、会社を立て直すために開発を始めました。

Q2 カニカマ加工機を開発したことでどのような変化がありましたか？

海外進出のきっかけになりました。日本とソ連（現在のロシア）の漁業に関する交渉の中で、ソ連側から「カニカマの製造装置を輸入したい」という話があり、輸出できることになったのです。我々はそれまでソ連への輸出の経験がなかったのですが、大手商社が輸出に関する手続きを引き受けてくださって実現しました。

Q3 海外で事業を行う上で気をつけていることは？

現在はカニカマ加工機だけでなく、さまざまな機械を海外に輸出していますが、我々は世界のどこの国の企業に機械を買っていただいたとしても、国内と同様にメンテナンスも行っています。

Q4 経営にあたってのルールはありますか？

我々の強みは「町の機械屋」として、フットワークよく動けるところです。どんな相談にも前向きに、一緒に考える。そのような取り組みを長年積み重ねることで「相談されやすい企業」になります。中小企業の場合は特に「相談されやすい企業」でなければ仕事は増えないと考えています。

Q5 今後の目標を聞かせてください。

今後もその時代、その時代に合わせていくことが必要になっていくと思っています。時代を見誤らないように、ユーザーさんの動向などをしっかりと見ていくことが大切だと考えていますし、その時代の中でヤナギヤが絶対に必要な企業になれるように、これからもがんばっていきたいですね。

2014（平成26）年3月に、経済産業省「グローバルニッチトップ企業100選」に選定されました。

2017（平成29）年3月に、日本ファッション協会の「食文化貢献賞」を受賞しました。

世界に飛び立つ「カニカマ加工機械」

カニカマは「SURIMI」として世界中で食べられている

カニカマ加工機が最初に輸出されたのは1982（昭和57）年、韓国で、その後、欧米、アジアなど約20カ国に輸出されました。カニカマの生産量は日本よりもアメリカやヨーロッパの方が多く、フランスでは「SURIMI（すりみ）」の名称で親しまれ、なじみ深い食材です。安全・安心な水産加工食品として幅広い層から愛されています。

「カニカマ加工機械」の主な輸出先（実績）

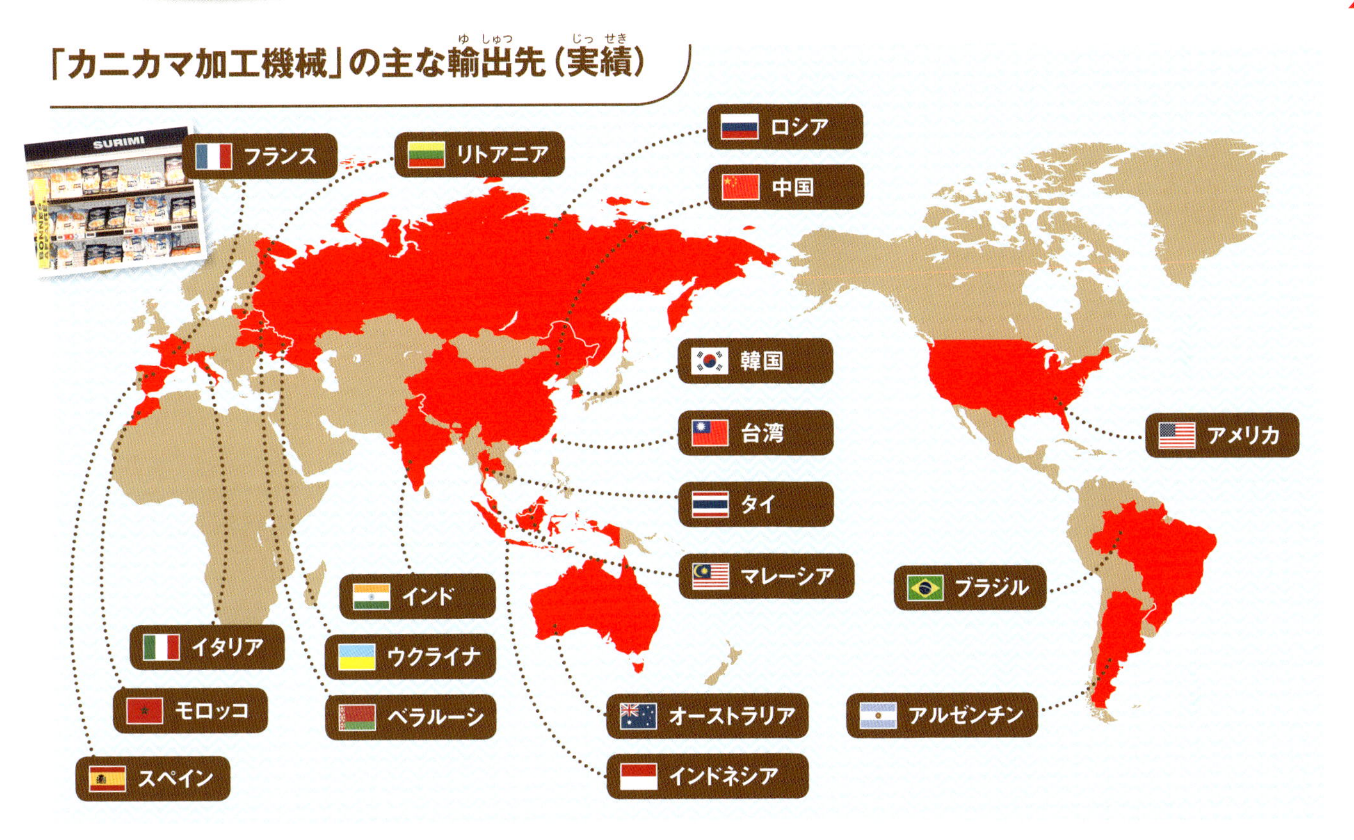

日本と海外 こんなところがちがう！

野菜のピューレやチョコレートを巻く

日本ではさまざまな繊維パターンのカニカマがありますが、海外では9割以上がスティックタイプのため、輸出されるカニカマ加工機もほとんどがスティックタイプ用のものです。他に、海外ではカニカマが魚のすり身を原料にした食品というイメージがないため、野菜のピューレを巻いたものやチョコレートを巻いたものなど、日本では考えられないような製品もあります。

びっくり！ THE WORLD

ヤナギヤがスペインの食文化を支えている

ウナギの稚魚「アングーラス」はスペインの伝統的な食材ですが、漁獲量の減少によって値段が高騰しました。ヤナギヤは大手食品メーカーの依頼を受けて、アングーラスのコピー品（写真）の加工機を開発。この商品はスペインで定番化しています。

本物は100gあたり約1.1万円ですが、コピー品は100gあたり約140円です。

点字の機器で世界シェア70%！

目が不自由な人が便利に使える

点字ディスプレイ・ラベラー

コンピュータで点字を表示する「点字セル」の世界シェア70%を誇るケージーエスでは、点字セルを組み込んだ情報機器「点字ディスプレイ」や世界初の「点字ラベラー」を開発。目が不自由な人のQOL（生活の質）向上に取り組んでいます。

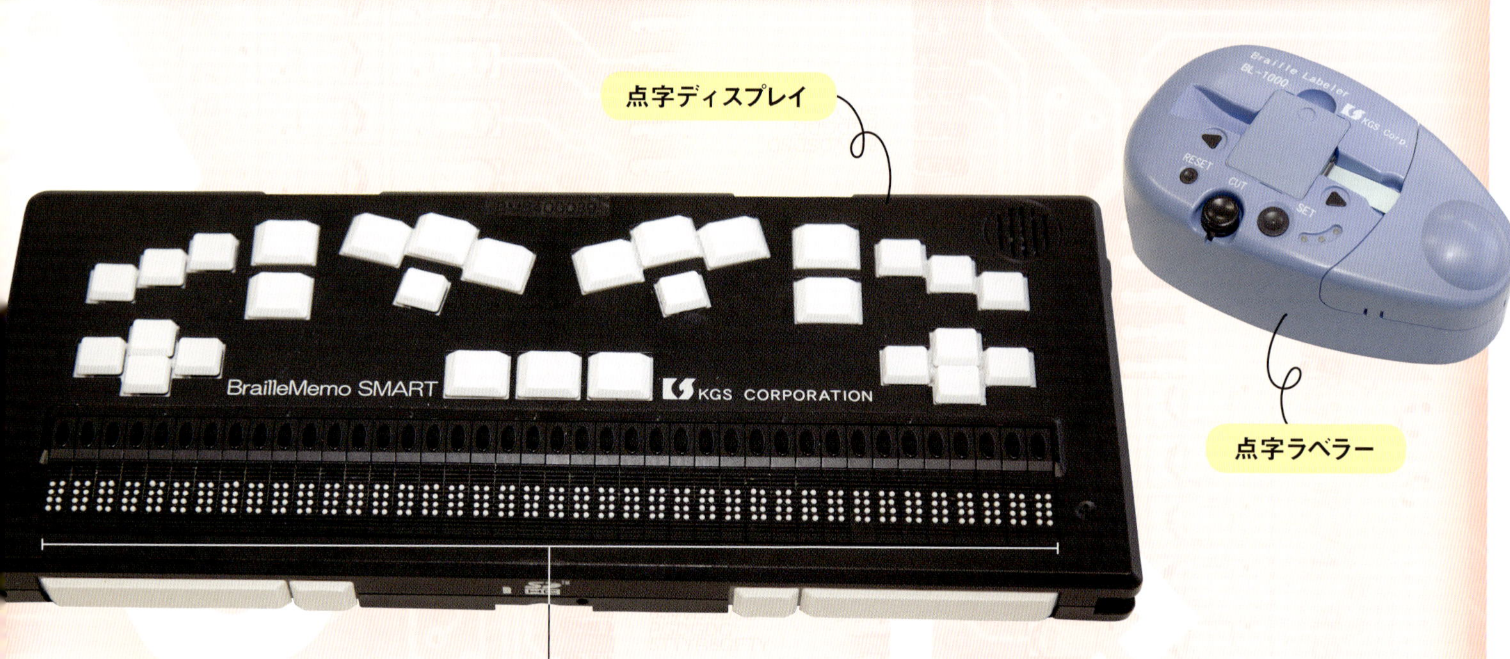

どんな製品？

コンピュータを使って誰でも操れる点字の道具

ピンが上下に動いて「点字セル」で点字を表示し、コンピュータに接続すると、文字情報の点字表示ができ、文字入力もできる「点字ディスプレイ」。そして、コンピュータにつないで文字を入力すると、簡単に点字のラベルが作成できる「点字ラベラー」。目が不自由な人の使い勝手や、生活の質の向上を考え抜いて開発されています。

会社データ

創　業 1953（昭和28）年　**資本金** 1億円　**従業員** 62名
事業内容 福祉機器、ソレノイド（3次元のコイル）製品の製造
所在地 埼玉県比企郡小川町小川1004

なぜ？ いつから？

「埼玉県小川町」で誕生したワケ

東京、千葉を経て埼玉県に移転

1953（昭和28）年、東京都港区三田に通信機器部品の生産を目的として誕生した「株式会社広業社通信機器製作所」は、交通の便がよくなることを見越して、1969（昭和44）年に埼玉県比企郡小川町に工場を設立し、1984（昭和59）年から点字セルの販売を開始。1989（平成元）年に社名を現在の「ケージーエス株式会社」に変更しました。その後、千葉県浦安市への移転を経て、1997（平成9）年にすでに工場があった埼玉県比企郡小川町に本社を移転し、現在に至ります。

和紙・細川紙
細川紙は、小川町に古くから伝わる手漉き和紙で、国の重要無形文化財に指定されています。また、小川町周辺では細川紙以外にも障子紙などの和紙が作られ、「和紙のふるさと」として知られています。

吉田家住宅
1721（享保6）年に建築された、実年代のわかる埼玉県内最古の民家で、1989（平成元）年に国の重要文化財建造物に指定されました。江戸時代の典型的な民家の作りで、当時の様子が分かります。

データで見る「福祉用具の市場規模」

福祉用具の市場規模の推移

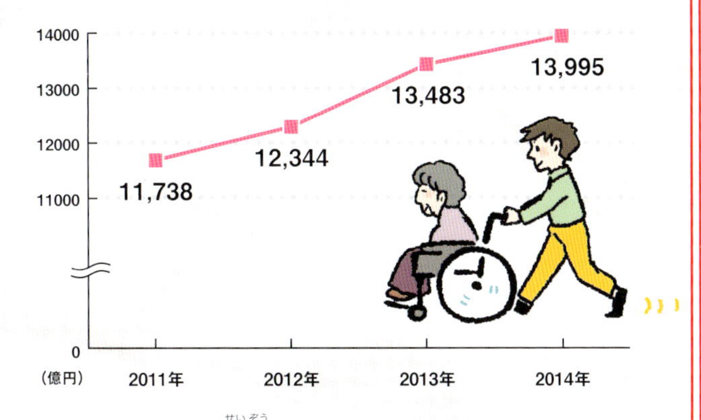

ケージーエスが製造している点字ディスプレイや点字ラベラーなどの福祉用具は、上のグラフで示すように、年々、市場規模が拡大しています。障害のある方の生活を支えるのはもちろん、高齢化が進む現代の日本においては、ニーズが高まる製品となっています。

出典：日本福祉用具・生活支援具協会「2014年度 市場規模調査」

小川町ってこんなところ

身近な有名企業が生まれた地

古くは江戸から川越を抜けて秩父に向かう街道があり、地域の商業の中核地だった小川町は、企業を設立する人が多いことでも知られています。埼玉県内に多くの店舗を構え、大きくチェーン展開しているスーパーの「ヤオコー」や、全国展開する衣料品店「しまむら」は、それぞれ小川町の「八百幸」、「島村呉服店」から始まりました。

創業1890（明治23）年のスーパーマーケット「ヤオコー」は、埼玉県を中心に店舗を展開しています。

点字ディスプレイ・ラベラーのココがスゴイ！

ケージーエスの情報機器には、点字をより手軽に、ストレスなく扱うために機能を充実させています。

スゴイ！1 高品質の点字セルを開発し世界シェア70%に！

ケージーエスは、1984（昭和59）年に、通商産業省工業技術院（当時）との共同開発事業がヒントとなって点字セルを開発。点を触った時のばらつきを抑えることで実現した触り心地の良さや読みとりやすさが世界的に認められ、世界シェアの70%を占めるまでになりました。

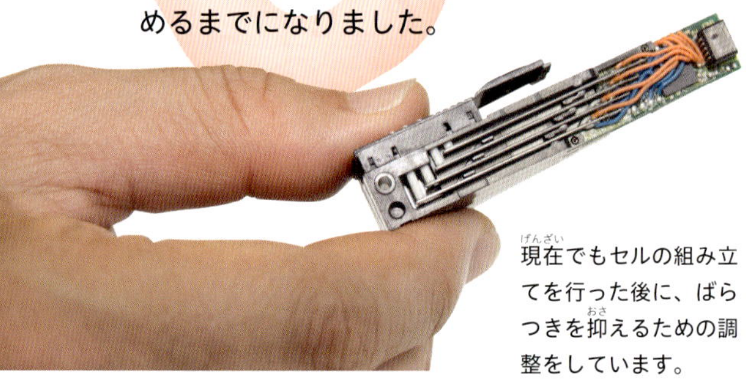

現在でもセルの組み立てを行った後に、ばらつきを抑えるための調整をしています。

開発メモ

多様な状況に対応できる分かりやすい機器を開発

いつ障害を持ったか、現在どういう情報が必要かなど、点字機器を必要とする人の状況はさまざまで、幅広く対応できる機器を作る必要があります。とはいえ、機能を伝える方法は点字、もしくは音声しかありません。その中で分かりやすく機能を伝えて、きちんと使ってもらえる機器を開発するのは、とても難しいそうです。

スゴイ！2 特殊な技術を用いて世界初の点字ラベラーを開発

入力した文字を点字に直し、テープに打ち込んで点字ラベルを作成できる「点字ラベラー」には、ケージーエスが製造するソレノイド（3次元コイル）が使われています。これによって、電気エネルギーが直線運動の機械エネルギーに変換され、点字がラベルに打ち込まれます。

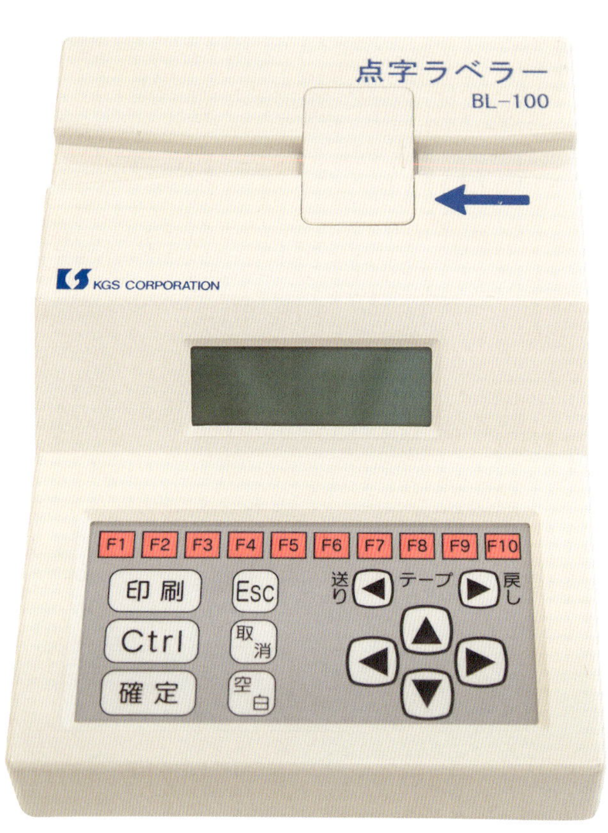

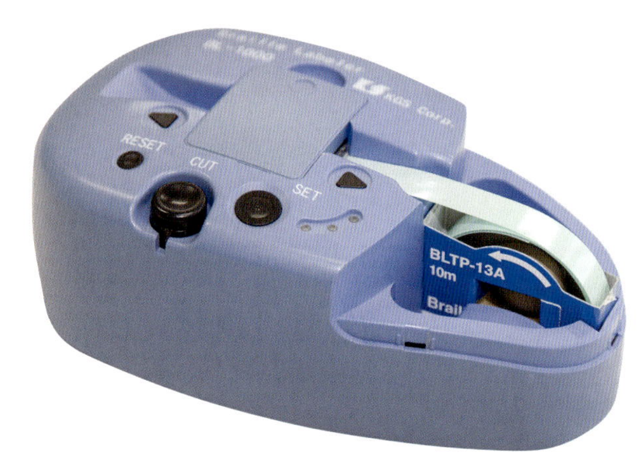

最新モデルは、パソコンに接続して文字を入力します。ラベルはロール式を採用しています。

世界初の点字ラベラー。当時のモデルはパソコンではなく、機器で入力するタイプでした。

スゴイ！3 パソコン上のデータを点字にして表示する

以前は、文字を点字に直す「点訳」をして、専用の器具で点字を打つという作業が必要でしたが、点字ディスプレイを使えば、パソコン上のテキストデータを自動で点字にできます。また、最新のモデルには文字の入力機能や読み上げ機能もついているので、より便利に使えるようになっています。

音声を記録するボイスレコーダー機能も搭載されています。

スゴイ！4 ユーザーの要望を反映して日々進化していく

文字の入力・編集の仕方は、国によって違いがあり、海外のものをそのまま取り入れてしまうと、日本では使い勝手が悪くなることもあります。そのような意見を実際に使っている人から取り入れ、目の不自由な人たちにとっての使いやすさを日々追求し、機能に反映しています。

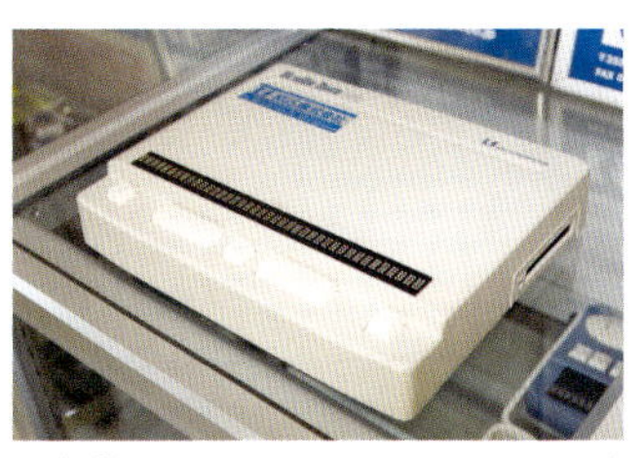

小規模の会社だからこそ、小回りが効き、細かく要望に応えられるというメリットもあるそうです。

1998（平成10）年頃、宇宙開発事業団（NASDA、現在のJAXA）から依頼されて製作した点字ディスプレイ。

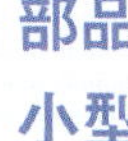

開発の歴史

部品の特性を変えずに小型化を実現

点字セルを使った製品は日常的に持ち運ぶことが多いため、点字セルの小型化、軽量化はとても大切です。ただし、小型化すると特性が変わってしまう部品もあるため、その機能を変えずに、いかに小型化していくかが重要です。この試行錯誤は、ケージーエスの歴史でもあります。

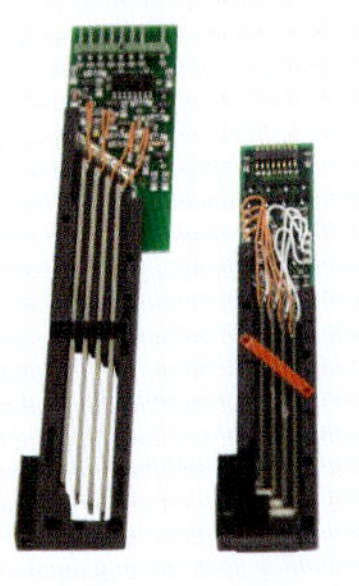

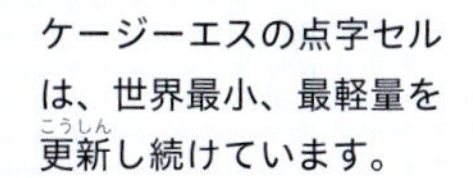

ケージーエスの点字セルは、世界最小、最軽量を更新し続けています。

点字セルのできるまで

部品を製造して組み立てていく

点字ディスプレイの点字セルは、国内で部品を製造した後、フィリピンの工場で組み立てられ、最後は国内で組み合わせられます。

1 点字セルを手作業で組み立てる

点字セルは、フィリピンの工場で人の手で組み立てられます。

2 組み合わせて基板を取り付ける

複数の点字セルを組み合わせて、基板を取り付けます。

3 本体、入力装置と組み合わせる

組み合わせた点字セル、本体、入力装置を組み合わせて完成です。

開発者インタビュー

目の不自由な方からのリクエストにお応えして これからも、より良い製品を作っていきたい

営業技術部技術開発課技術開発グループ グループ長
鈴木義則さん（左）
1999（平成11）年入社。製品のソフトウェア開発を担当。現在は新製品の開発チームのリーダーを務める。

生産部品質保証課品質保証グループ グループ長
岩崎康宏さん（右）
2000（平成12）年入社。開発部で機構設計を担当した後、現職。現在も製品の設計を担当している。

Q1 点字セルの開発を始めたきっかけは？

1980年代の初めに当時の通産省の工業技術院（現在の産業技術総合研究所）との共同開発事業がきっかけで、圧電セラミックスを応用した点字セルの製品化が進められたと聞いています。（鈴木）

Q2 現在、製品を開発するうえで気を付けている点は？

目が不自由な方の中にも、生まれつきかそうでないかなど、様々な方がいらっしゃいますので、できる限り、幅広く対応できるより良い製品を開発できるように研究を進めています。（鈴木）

製品の小型化を進めていますが、小さくすることで、かえって使いづらくなってしまうこともありますので、それと同時に、お客様の使い勝手を損なわないようにボタンの配置や形などを社内で話し合いながら製品の開発を進めています。（岩崎）

Q3 海外の市場はどのように意識していますか？

開発には「工夫」が必要になりますが、国内では限られたメーカーしかありませんので、海外のメーカーの製品はまめにチェックしていますね。また、パソコンの接続やスマホとの接続などについても、国内にとどまらず情報を仕入れています。（鈴木）

モバイル製品では連続使用時間など、性能面で海外のメーカーに負けないような製品を作ろうと、日々開発を続けています。（岩崎）

鈴木さんは目が不自由なので、点字ディスプレイを使って開発を行っています。

展示会ではお客さんから「こういう製品を待っていた」という、うれしい声を聞くこともあるそうです。

Q4 今後の目標を聞かせてください。

楽しみの部分でも文化的な部分でも役に立って、より多くの方に使っていただける製品を作れるように、日々地道に開発を進めていきたいと考えています。（鈴木）

現在、品質保証部に所属していて、お客様からの要望も多数いただいています。その要望を、次の製品にしっかりと反映して良い製品を作っていきたいです。（岩崎）

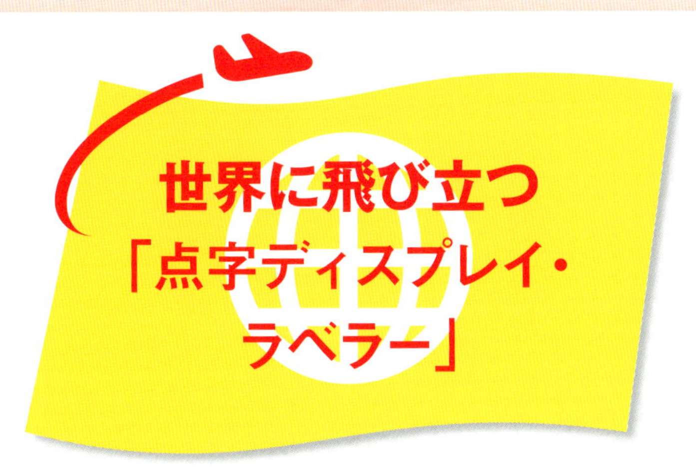

1980年代から世界各国に点字セルを輸出

点字セルは1980年代半ば頃から輸出が開始されました。主な輸出先はアメリカ、フランス、ドイツ、カナダ、韓国、中国などで、世界の広い範囲で利用されています。年間の輸出数は点字ディスプレイ換算で約8,000台、これまでの合計販売台数は、約16万台です。世界的なパソコンの普及に伴い、年々輸出量が増えています。

「点字ディスプレイ・ラベラー」の主な輸出先

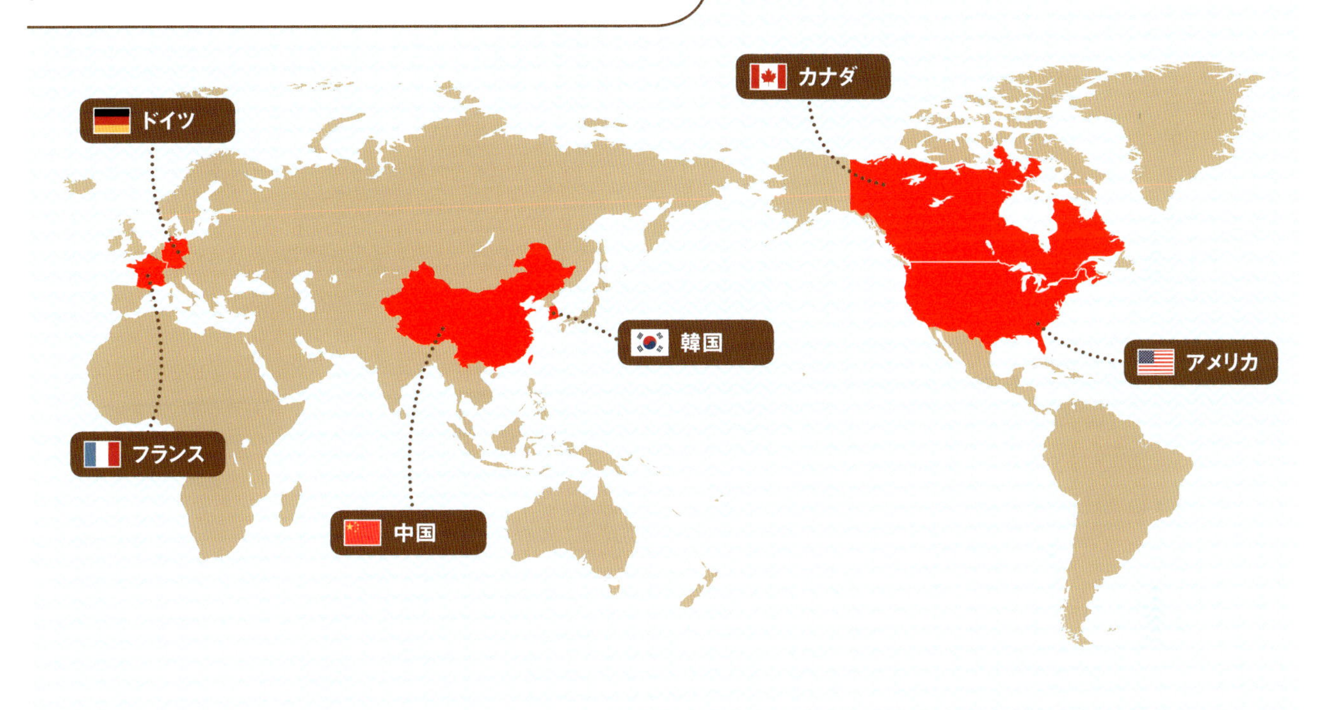

日本と海外 こんなところがちがう！

点を強く感じるように調整をしている

点の「触り心地」は、点字セルで最も重要な部分といわれています。海外ではしっかりとした触り心地が求められるため、海外向けの製品は、国内向けよりも点が強く感じられるように調整され、点の先端の形が国内向けよりも、やや鋭くなっています。触ったときの刺激を強く感じられるようにして、海外の利用者の要望に応える製品を輸出しています。

びっくり！ THE WORLD

点字が浮き上がる進化系タブレット

オーストリアで開発された、世界初となる点字画面とタッチパネルを搭載した点字タブレット「BLITAB」。ウェブサイトやUSBメモリーなどから読み込んだデータが点字に変換されて画面に表示されます。また、文字以外にも地図や画像も点字表示できます。

文字の情報が凹凸の点字となって画面上に現れます。画像は「BLITAB」公式サイトから転載。

国内シェア約70%！

いろいろな食品を素早く、安全に充填できる！

紙容器成形充填機

スーパーなどには紙パックに入った牛乳や飲料などがたくさん並んでいます。その食品を入れる紙容器を作り、飲み物をつめ込む作業を自動で行うのが紙容器成形充填機です。食品の安心・安全につながる技術も用いられています。

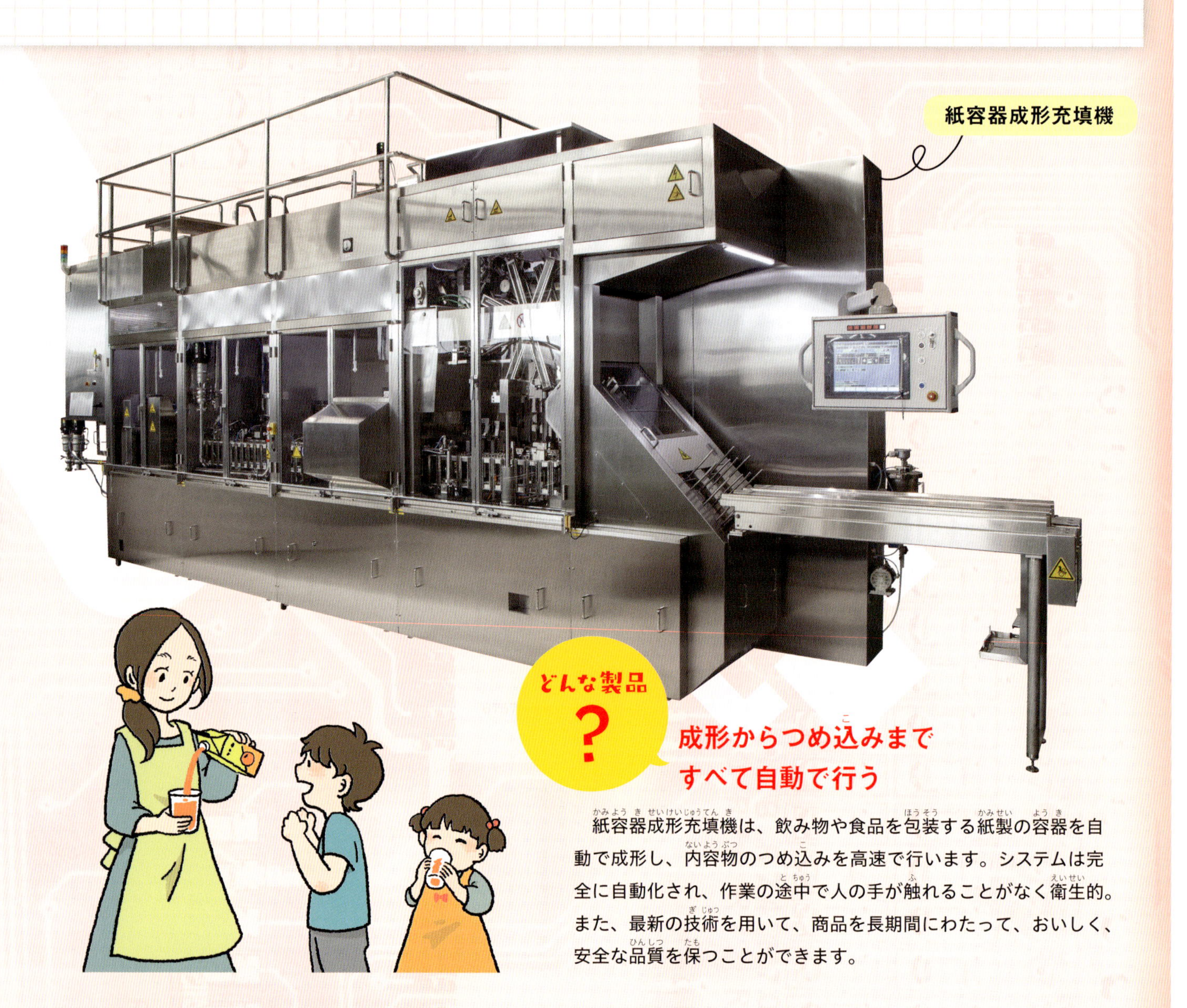

どんな製品？

成形からつめ込みまですべて自動で行う

紙容器成形充填機は、飲み物や食品を包装する紙製の容器を自動で成形し、内容物のつめ込みを高速で行います。システムは完全に自動化され、作業の途中で人の手が触れることがなく衛生的。また、最新の技術を用いて、商品を長期間にわたって、おいしく、安全な品質を保つことができます。

会社データ

創業 1961（昭和36）年　**資本金** 1億4500万円　**従業員** 710名

事業内容 機械事業（充填包装機及び関連機器の設計、製造、販売、プラントエンジニアリング）等

所在地 徳島県板野郡北島町太郎八須字西の川10番地1

「徳島県北島町」で誕生したワケ

淡路島から化学工業が盛んな徳島に渡り創業

1961（昭和36）年、創業者の植田道雄さんが、淡路島から徳島に渡り、化学工業向けのタンク装置メーカーとして四国化工機を創業しました。当時、徳島には化学関係の企業が多数あり、ステンレス加工の技術を活かすための事業環境が整い、また、徳島大学などから将来的に人材を確保していける点にも魅力を感じたそうです。その後、1965（昭和40）年頃に新たな機械事業に進出し、現在の機械事業につながる包装資材事業、食品事業も始めました。

阿波踊り
8月12日から15日までの4日間にわたって行われる阿波踊りは、400年の歴史を持つ伝統芸能です。徳島県内の小・中・高校では体育の授業で阿波踊りを演目にしている学校もあります。

鳴門の渦潮
徳島県と兵庫県の間にあり、北島町からもほど近い鳴門海峡では、潮の満ち引きや地形によって生まれる速い潮の流れと海岸部の緩やかな流れの境目に渦潮が発生します。渦の大きさは最大で30mに達するといわれています。

データで見る「徳島県産業別出荷額」

徳島県産業出荷額 ベスト5

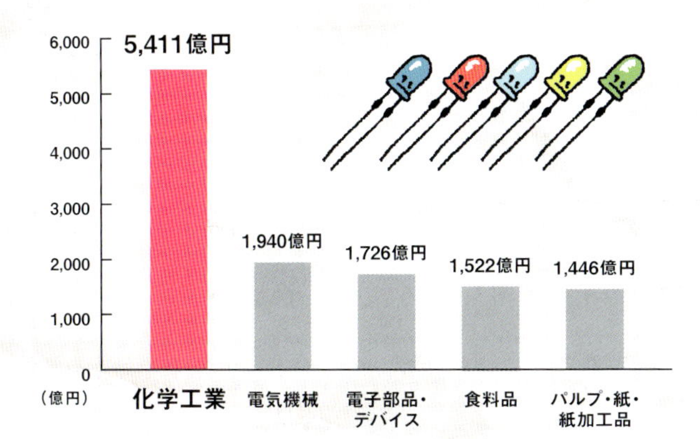

四国化工機は1961（昭和36）年に創業しましたが、徳島県では、現在も化学工業が盛んです。県内の産業別製品出荷額では化学工業が1位で、全体の約3割。電気機械や電子部品の出荷も多く、LEDの出荷金額比率は全国1位、リチウムイオン電池正極材の生産量は世界1位です。

出典：経済産業省「工業統計調査 我が国の工業（平成23年）」

北島町ってこんなところ

四国一の人口密度

徳島県内で最も面積の小さい北島町は、吉野川の河口にある三角州平野に位置し、形が「ひょうたん」に似ていることから、「ひょうたん島」という愛称で親しまれています。化学メーカーや繊維メーカーの企業城下町として栄えましたが、現在は徳島市のベッドタウンとして発展しています。人口密度は四国の全市町村で1位となる、1㎢あたり2568.2人です。

徳島県を西から東に流れる吉野川。全長194kmあり、水道水や農業、工業用水としても利用されています。

紙容器成形充填機のココがスゴイ！

紙容器成形充填機には、品質を維持して、おいしさを保つ技術などが活用されています。

スゴイ！1 柔軟性のある紙を成形し自動で高速充填する

ガラスやプラスチックの容器とは違い、柔軟性のある紙（カートン）を高速で容器の形に成形し、漏れが発生しないようにシール（貼り付け）して液体をつめます。人の手が触れない、完全に自動化されたシステムで高速充填されていきます。

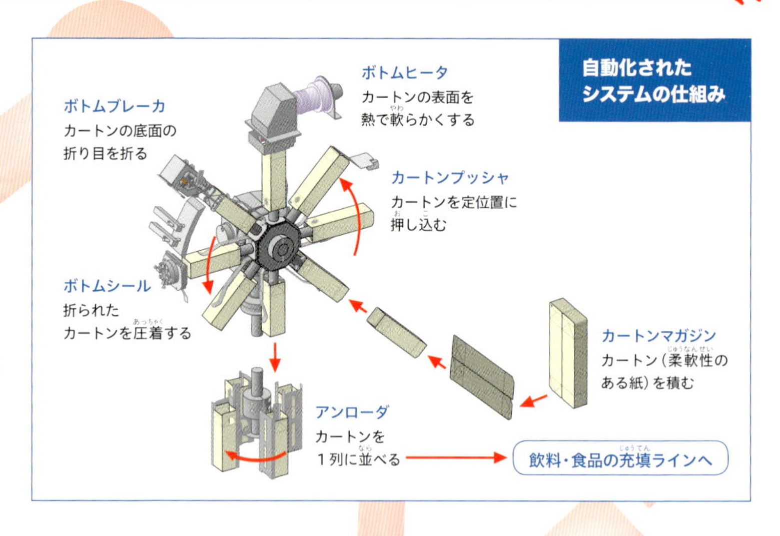

スゴイ！2 商品の変質を防いで高品質を維持する

三角屋根の紙容器飲料の品質保持期間は、通常のチルド充填機による製造で、冷蔵で８日間程度です。これに対して、原料に含まれる細菌数を減らすなど、製造工程の衛生管理を徹底した「ESL充填機」で作られたものでは、冷蔵で２週間前後、賞味期間を確保できます。

ESL対応の屋根型紙容器成型エクステンド充填機。ESLとは、「Extended（延長）、Shelf（棚）、Life（寿命）」の略で、棚における品質保持期間の延長という意味。上の左の図が、「ESL充填機」で作られた容器です。

開発メモ

一からの開発には大変な技術が要求された

紙容器充填包装機を開発した当時、日本の乳業会社はすべて海外から輸入した機械を使用していました。そのため、開発は一から行われ、紙容器に牛乳を充填した後、消費者が紙容器を開封して飲む時まで、牛乳が漏れることなく、完全に密封するには大変な技術が要求されました。

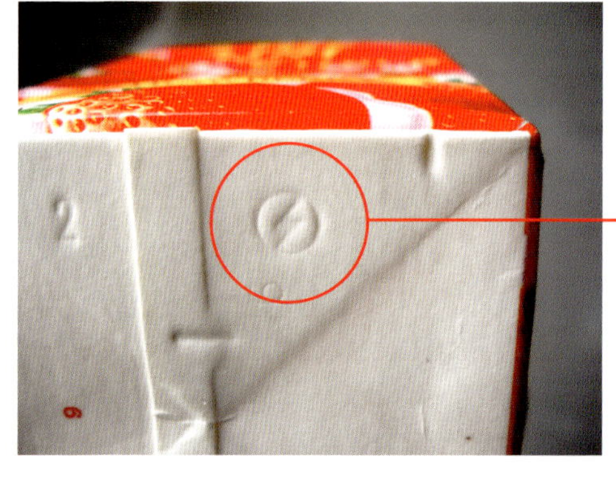

四国化工機グループの機械で生産された紙パックには、底にロゴマーク「マルＳ」マークが押されています。

開発の歴史

開発開始の翌年に初号機を完成させた

四国化工機が国内市場だけでなく世界へ売れる機械を見据えて、オリジナルの国産機開発に着手したのは1976年（昭和51）年。その翌年には、現在の主力機である「屋根型紙容器成形充填機」の初号機を完成させ、新たな市場開拓につながりました。

試運転を行っているUP-25の０号機。当時は市場全体が紙容器に大きく移行しつつありました。

スゴイ！3 食品本来の美味しさを維持し、長期保存を可能にする

滅菌された内容物を、滅菌された環境下で、充填包装して密封する技術を「アセプティック充填」といいます。この技術を用いると商品寿命を延ばせるため、廃棄する食品量を減らせ、運んだり保管する時に冷蔵が不要となり、常温での流通にも対応できます。

設備レベルと賞味期限の関係

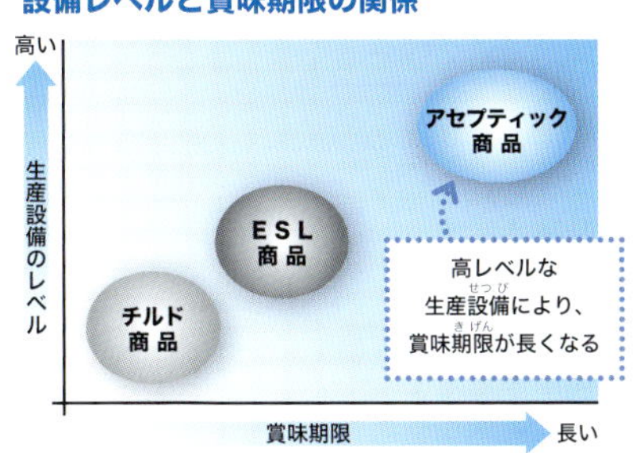

アセプティック充填機でつくられた飲料商品の賞味期限は60日～90日間で、チルド商品、ESL商品よりも長期保存が可能です。

スゴイ！4 飲料はもちろんほとんどの液体に対応可能

牛乳、はっ酵乳、乳酸菌飲料などの乳飲料、果汁ジュース、お茶類、コーヒーなどの清涼飲料、生クリームやスープなどの液体食品、お酒やビネガーなど酒類、調味料など、炭酸飲料以外のほとんどの液体に対応できます。

海外でも四国化工機の紙容器充填包装機を使用して、上の写真のようにさまざまな商品が発売されています。

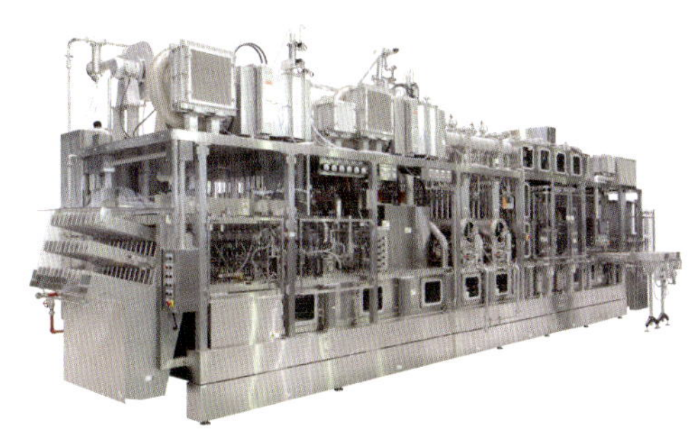
カップ用無菌充填機では、飲料だけでなく、プリン、ヨーグルト、ゼリー、スープ等の調理済み食品や食品以外でも液体洗剤などにも対応しています。

紙容器成形充填機のできるまで

要望を聞いて機械を製造する

商品や設置場所など、お客さんが求めるものを聞いてから、どのようにするのが良いか分析し、機械の製造を進めていきます。

1 基本計画を立てる

お客さんの要望や工場全体等を把握・分析して、基本計画を立てます。

2 機械の設計を行う

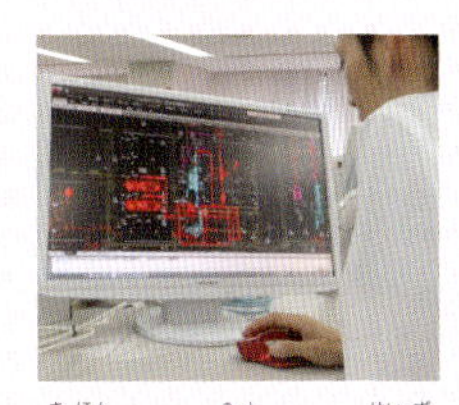
基本計画に則って、製図ソフトを使い、機械の設計を行います。

3 資材を調達して機械を組み立てる

図面に基づき部品などの資材調達を行い、機械の組み立てを行います。

4 機械を搬入してテスト運転を行う

お客さんの工場に機械を搬入し、据え付け後、テスト運転します。

開発者インタビュー

より良い充填機を作って まだ輸出していない国でも使ってもらいたい

技術二部設計一課　**吉田琢巳さん**

2010年（平成22年）入社。技術二部設計一課に配属。主に充填分野の開発を行い、新型の紙容器成形充填機を開発。

Q1 紙容器成形充填機を開発したきっかけは？

私自身は直接関わっていませんが、昭和50年代当時、海外のメーカーには細かい品質管理がなく、機械の改善改良やメンテナンス面でも思うように対応してくれないという歯がゆさがありました。そこで、日本人らしいきめ細かい機械作り、技術サービスを考えて開発すれば、将来、海外にも市場が作れると考え開発に着手し、1977（昭和52）年に初号機を完成させたと聞きました。

Q2 充填機の開発で苦労したことは？

国内向けの口栓付き紙容器成形充填機の開発では、紙容器の底と口栓のシール性の検証に苦労しました。毎日のように１日中検証をくり返し、口栓のシール性は何度も改善部品を試作しては失敗するという作業を繰り返しました。最終的にどちらも性能を満たすものが製作でき、技術者として良い経験ができたと感じています。

仕事をする上で心がけているのは「自分がユーザーの立場をイメージして、自問自答すること」。

Q3 製品が完成し、お客さんからどのような反応がありましたか？

稼働率が良いと好評です。機械ですので、各部にセンサーを設置しており、紙パックが正しく成形・シールされているか、口栓シールされているか、充填されているかを常時監視しています。今回、大きな変化として「口栓」という新たな装置を搭載したわけですが、非常にトラブルが少なく安定稼働しており、好評であるとうかがっています。

口栓付き紙容器成形充填機が納品されて、間もなく１年が経ちます。改善点もある中で、早くも次の充填機の製作に取り掛かっています。

Q4 これからも製品をどんどん世界に羽ばたかせていきたいですか？

もちろんです。今まで輸出したことがない国へもどんどん輸出していきたいと思っています。充填機の設計をしていて、よく日本と海外の考え方の違いに驚かされます。日本の考え方が海外向けでも重要なことがあり、その逆もあります。あらゆる国の考え方を知れば、新しい考え方に気付き、新しいアイデアを生みます。そのアイデアを充填機へフィードバックして、より良い充填機を作り、世界各国で使ってほしいと思っています。

これまでの輸出実績は50カ国以上

屋根型紙容器成形充填機が初めて輸出されたのは、1979年（昭和54）年のことです。それから約40年が経ち、現在では、機械事業の売上高の約30％が輸出によるものとなっています。輸出している機種は屋根型紙容器成形充填機がメインですが、これまでにはそのほかにも、レンガ型紙容器成形充填機、カップ充填機、ボトル充填機や包装機等を輸出してきました。

各国からの声

機械の高い性能・効率性にとても満足しており、長い期間にわたり安定稼働する日本品質の充填機は安心して生産できます。

日本と海外 こんなところがちがう！

海外ではキャップ付きのチルド用紙容器が主流

日本ではチルド（冷蔵）飲料向けにキャップ付き屋根型紙容器が出始めましたが、海外では主流となっています。そのため、海外へ出荷する充填機には、すべてキャップ取り付け装置が付いています。また、日本では1リットルサイズが主流ですが、海外では2リットルサイズのものや、小さなサイズの容器でも、キャップが付いた商品が多く市場に出回っています。

びっくり！ THE WORLD

クッキーや砂糖 シリアルもつめられる

日本では屋根型紙容器の中身はほとんどが飲料ですが、海外では粘り気の強いヨーグルトや、カスタードを縦2層に充填した商品も販売されています。また、砂糖やクッキー、シリアルなどの固形物を詰めて販売している会社もあります。

海外ではマフィン作りに使うミックス粉を紙容器に入れて販売している会社もあります。

世界シェア
20〜30%！

福岡県古賀市　株式会社西部技研

空気中の物質や水分を吸着する

除湿ローター

エアコンのように空気を冷やして湿気を取る除湿機と異なり、乾燥剤に水分を吸わせて除去するのが「デシカント（乾燥剤）方式」の除湿機。除湿ローターは、ハチの巣のようなハニカム構造のフィルタで除湿を行う、その心臓部です。

どんな製品？

ハチの巣の形で空気から水分を取り除く

ハニカムローターは、セラミック繊維などを細かいハニカム構造のフィルタとして加工した円盤で、ハニカムとはハチの巣、つまり六角形の空洞や穴が均等に並んだ構造を指します。ハニカムローターは、化学的な加工で、水を吸着する機能を持たせてあります。このハニカムローターを回転させ、通過する空気中の水分を吸着・除去する仕組みです。

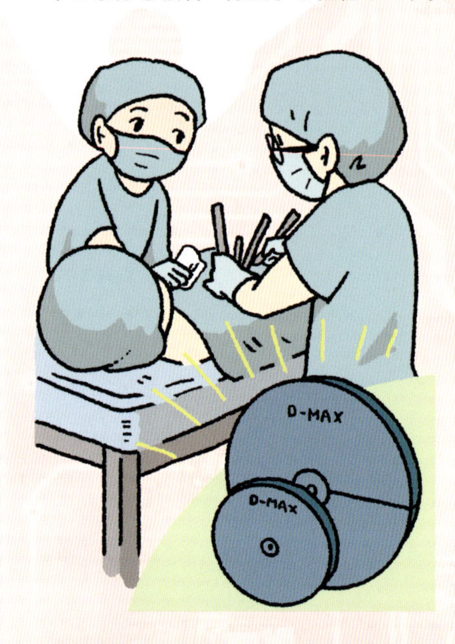

会社データ

創業 1962（昭和37）年　**資本金** 1億円　**従業員** 230名

事業内容 デシカント除湿機、ドライルーム、VOC濃縮装置等の製造・販売

所在地 福岡県古賀市青柳3108-3

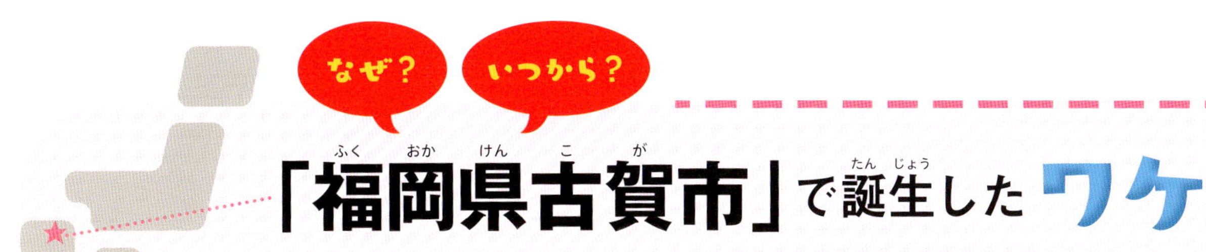

「福岡県古賀市」で誕生したワケ

九州大学に近い工業地区 創業者が拠点に定める

古賀市のある福岡県は、鉄鋼や石炭産業で日本の工業化をリードしてきました。また、この地で1911（明治44）年に創立された九州大学の工学部は工学、技術、産業の発展をけん引してきました。そこで自らの研究室に勤務するかたわら、企業の依頼でさまざまな研究開発を行っていたのが西部技研の創業者・隈利實氏です。新しい工業技術を駆使して事業化に成功した隈氏は、1965（昭和40）年に福岡県で西部技研の前身・西部技術研究所を設立しました。

九州大学工学部

九州大学工学部は同大学の基幹学部として、モノ作りの中核を担う人材の育成を目的に、各専門分野の基盤となる基礎教育に力を入れてきました。卒業生はざまざまな分野で技術開発の主導的役割を担っており、産業界から高い評価を得ています。

産学官との交流

多くの工業団地が集まる古賀市や産業界で活躍する多くの人材を輩出し、産業の発展に貢献してきた九州大学工学部。新しい技術や製品の開発のために、産学官（産業界・学校・官公庁）との交流を積極的に行ってきました。

データで見る「世界のエアコン需要」

世界のエアコン需要 ベスト5

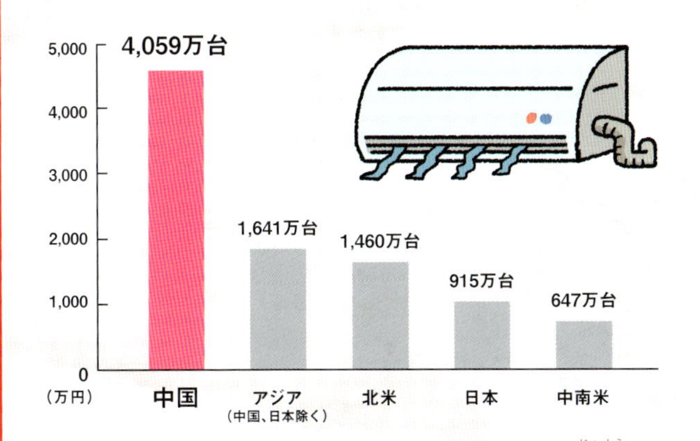

グラフを見ても分かるように、中国のエアコン需要が世界の8割以上を占めています。近年の中国では、国内メーカーの普及も高まり、エアコン市場の競争がますます過熱しています。現在の中国国内の人口は約13億7,600万人。人口増加に伴い、エアコン需要もさらに高まっています。

出典：日本冷凍空調工業会『世界のエアコン需要推定』（2016年）

古賀市ってこんなところ

福岡市の北部工業地区

北九州工業地帯の周縁、福岡市の北部工業地区の一角を占める福岡県北西部の市。1997（平成9）年に糟屋郡古賀町が市制施行で古賀市となりました。福岡経済圏の一部として早くから工業化が進み、福岡市のベッドダウンとされて住宅地も発展してきた歴史があります。江戸時代には唐津街道が通り、交通の要所として宿場などが栄えました。

古賀市の食料品製造品出荷額は福岡県で2位。その生産力を生かして毎年5月頃に開催される「古賀モノづくり博 食の祭典」は、毎年3万人を超える来場者がつめかける大イベントです。

除湿ローターのココがスゴイ！

ハニカム構造体と吸着剤を化学的に一体化する技術で、除湿など空調機能を飛躍的に高めます。

スゴイ！1 ウィルスの繁殖も抑える 人々の健康や環境に貢献

高性能なハニカムローターを使った除湿機など各種空調機器は、病院や老人ホームでも活躍。施設内の湿度を一定に保つことで、細菌やウィルスの発生を防いでいます。また熱もローターに蓄積することで建物の空調費用を軽減するなど、健康や環境に貢献しています。

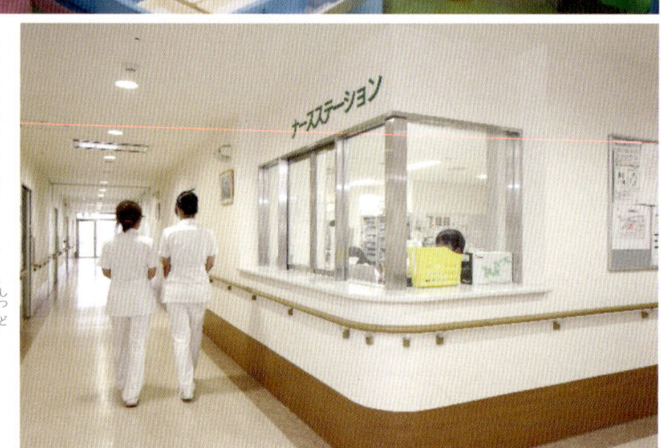

食品工場、病院などでは湿度を一定に保つことが不可欠です。

スゴイ！2 さまざまな素材を使って ハニカム構造を作り出す

ハニカム構造を何層にも積み重ねたものをハニカム積層体と言います。空気抵抗が低い、軽い、強度にすぐれる、表面積が大きいなど、フィルタにとって理想的な特性を備えています。ハニカム積層体をアルミ、セラミック、カーボン、難燃紙（燃えにくい紙）など、さまざまな素材で作る独自技術を確立しています。

ハニカム構造の基本的な特長

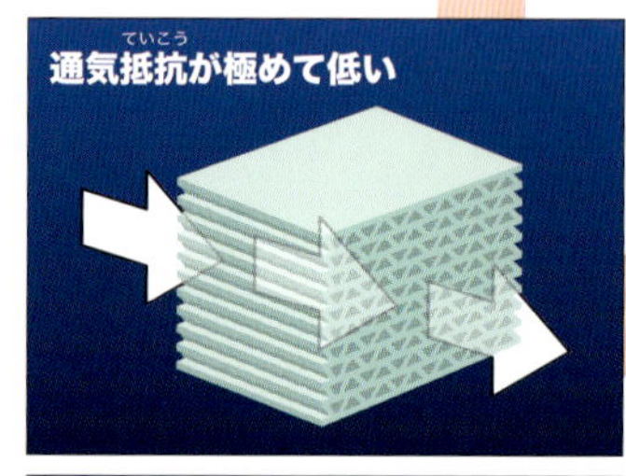

小さな穴が無数に集まった構造をしているため、空気の流れがスムーズ。必要以上の負担がかからず、無駄なエネルギーを省くことができます。

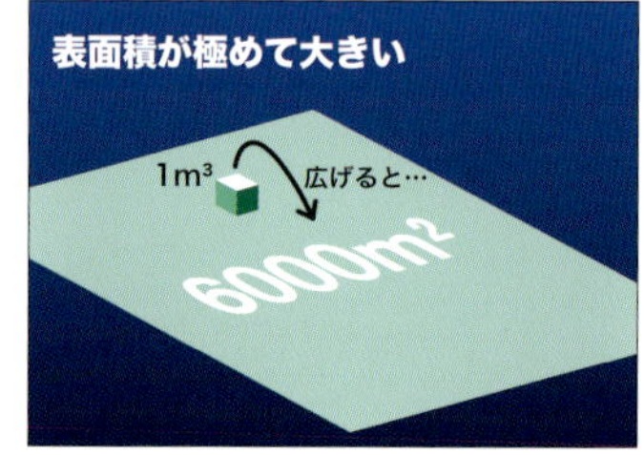

板状の素材（ライナー）と波状の素材（コルゲート）が何層も重なる構造により、空気が接する面積が非常に大きくなるので、最小のスペースで最大限の性能を引き出すことができます。

２枚の薄板の間に波形の心材を組み入れた複数構造なので、軽量、強度もあり、耐久性に優れています。

製造装置を設計・開発して独自の技術で世界をリード

ハニカムローター開発の要は２つ。材料をハニカム状に加工すること、そして水などを吸着する機能を持たせることです。ハニカム構造体は平らな板と波状の板を接着して製作。西部技研ではその製造装置から設計・開発し、独自の技術を確立しました。吸着剤も化学的にハニカム構造と一体化させる技術で世界をリードしています。

ハチの巣のような形のハニカム構造。

スゴイ！3 吸着剤を化学的に生成し ハニカム構造体と一体化

空気中の水分を吸着して除湿するのは、ハニカム構造体に含まれるシリカゲルなどの吸着剤です。さらに、土台となるハニカム構造体と吸着剤を化学的に一体化させる製法を開発して、吸着剤そのものでハニカム構造体ができあがっているため、飛躍的に高性能なフィルタが実現しました。

ハニカム構造体の仕組み

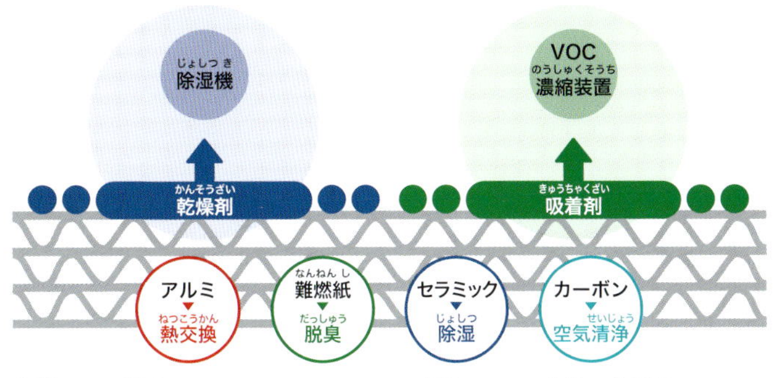

素材が持つ性質と結びつくことで、新たな機能を広げる無限の可能性があります。

開発の歴史

ハニカムローターを作り続けて30年以上

1981（昭和56）年、アルミシート製のハニカムローターを搭載した全熱交換器を商品化。1984（昭和59）年には世界で初めてメタルシリケート（金属珪酸塩）を用いた除湿ローターを開発しました。以後、多様なハニカムローターや空調機器の開発・製造を進めています。

業務用の空調設備も生産しています。

スゴイ！4 有害な環境汚染物質を除去するローターも開発

自動車製造などで不可欠な塗装工程では、有害な環境汚染物質・揮発性有機化合物（VOC）が発生します。ハニカム構造体を駆使し、空気中のVOCを吸着するVOC濃縮ローターの開発により、西部技研は経済産業省のグローバルニッチトップ企業100選ほか、多くの賞を受賞しています。

大量の塗料が使われる造船の現場でも、その揮発性有機化合物の処理が働く人々の健康のために欠かせません。

スゴイ！5 休まず開発が続けられる より高性能で安全な製品

1984（昭和59）年、独自の画期的な除湿ローター・SSCRを商品化。その後も結露温度が極めて低い除湿ローター・SZCR、溶剤濃縮ローター・UZCR、さらに2012（平成24）年にはガラス繊維を用いたD-MAXを商品化し、次々と画期的な製品を開発し続けています。

除湿機の心臓部ともいえる除湿ローター。改善や改良を重ねて開発を進めています。

100年企業を目指し、これからも開発に臨んでいきます

代表取締役社長 隈扶三郎さん

1964（昭和39）年、福岡県生まれ。1987（昭和62）年、入社。2002（平成14）年から現職。

Q1 会社設立からハニカムローター製造までの経緯を教えてください。

創業当初からヒーターやデフロスター（霜取り装置）などを作っています。1973（昭和48）年の石油値上がりによる不況によって事業転換を迫られ、省エネ技術へ力を入れることにしました。そこでハニカム構造体のローターを使った全熱交換器を経て、1984（昭和59）年のデシカント除湿ローターで国際的にも高い評価を得ました。

Q2 開発にあたってどんな点に苦労しましたか？

ハニカム構造体の製造は段ボールを作る工程に似ていますが、同じ機械は使えず、製造機械から自分たちで作らなくてはいけませんでした。またセラミック繊維のハニカム構造体に化学的な方法でシリカゲルを合成するのですが、その工程も一から開発しました。吸着剤も世界各国から取り寄せ、目指す製品に最も適した調合を試行錯誤しました。一方で揮発性有機化合物を除去するローターでは、年々厳しくなる環境基準に苦労しています。

さまざまなサイズ、用途のローターが製造されています。

Q3 国内と海外のシェアはそれぞれどれくらいですか？

当社は元々ハニカムローターだけ作っていましたが、1997（平成９）年からは除湿機そのものも生産しています。国内では除湿機で４～５割のシェアがあり、世界全体ではローターで２～３割のシェアがあります。

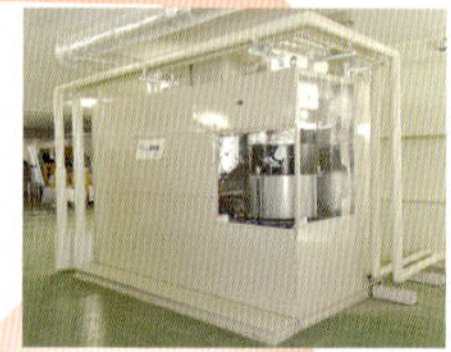

西部技研が製造している業務用デシカント除湿機。

Q4 どんな国々に輸出していますか？

輸出先として多いのは、ヨーロッパ。現地の空調機器メーカーにローターを納入しています。また、最近多いのは中国。大気汚染が問題になっていて、環境関連の需要が高まっているからです。中国にはすでに現地工場が２つありますが、来年３月に３つめを開く予定です。

海外の研究施設にも空調機器の一部として導入されています。

Q5 これからは、どのような会社にしていきたいですか？

現在は、二酸化炭素を除去するフィルタを開発中です。二酸化炭素を回収する技術そのものから自社で実証実験しており、５年後をめどに実用化したいと考えています。当社は２年前に創業50年を迎えましたが、これからも100年企業を目指して開発に臨んでいきます。

世界に飛び立つ「除湿ローター」

中国で生産し、東南アジアへも

西部技研は1976（昭和51）年に韓国・伯侖工業と技術提携しました。またスウェーデン、ドイツの企業と業務提携、技術移転などを行ってきました。80年代末にはアメリカ、台湾へも進出するなど、グローバルな企業活動に取り組んできた歴史があります。現在は中国での現地生産に注力するほか、東南アジアへも進出し、活動の規模が拡大しています。

「除湿ローター」の主な輸出先

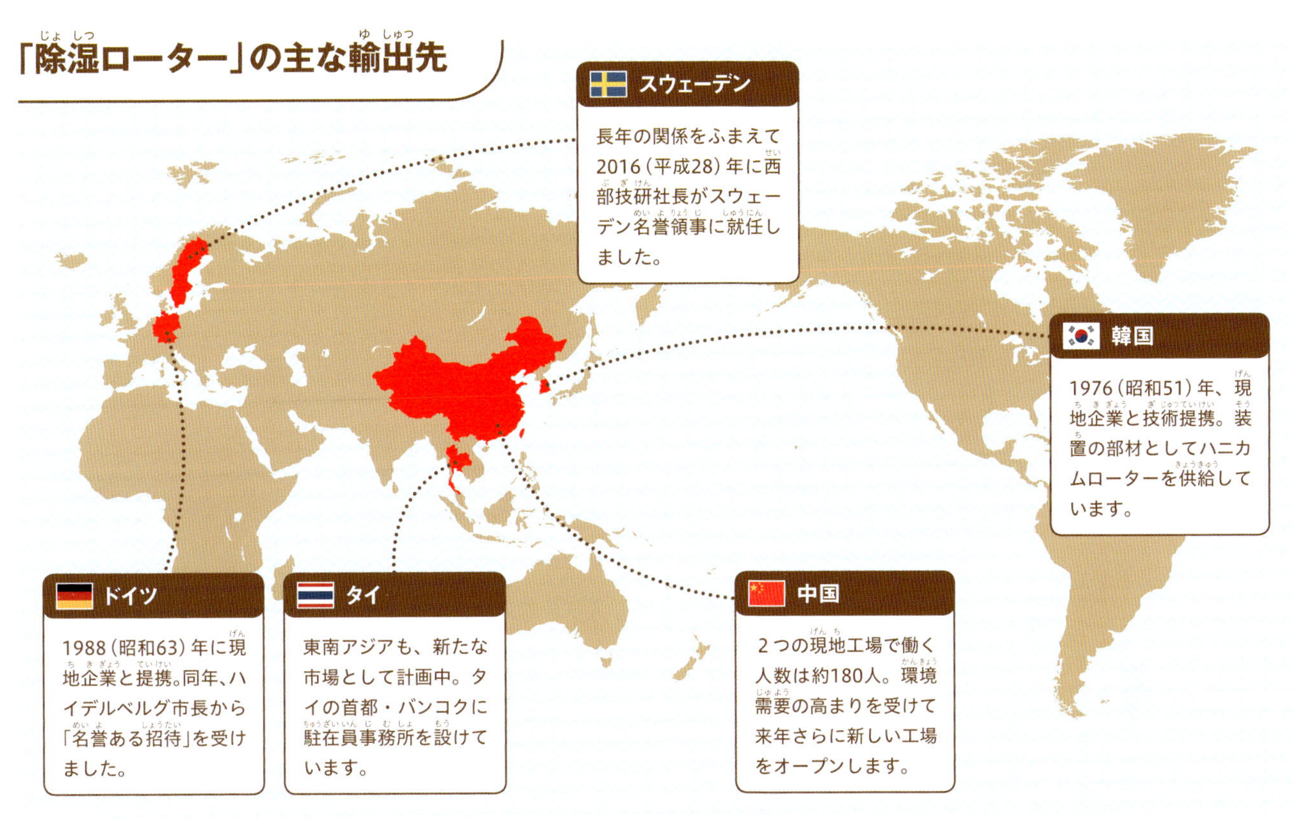

日本と海外 こんなところがちがう！

住宅に隙間がなくなり 日本で除湿機が普及

除湿機は20世紀初頭、アメリカ人技師のウィリス・キャリアによって製品化されました。日本はもともと通気性の高い伝統的な住宅が主流でしたが、1950年代から機密性の高い現代的な住宅が普及。同時に結露やカビの発生など湿度による害「湿害」が広まりました。家庭用除湿機が初めて発売されたのは1968（昭和43）年のことです。

びっくり！ THE WORLD

拡大する除湿機市場 主流はデシカント式

健康意識の高まりなどを背景に、世界の除湿機市場は拡大しています。最もシェアが大きいのは工場、医療施設、集合住宅などで利用されるデシカント除湿機。家庭ではあまり耳慣れないかもしれませんが、世界市場のなんと53.5%を占めます。

写真は屋外でも使用できるデカント式除湿機。低温時での除湿力が大きいので、冬場でも使用できます。

世界で活躍する日本の企業

日本には、世界的に活躍する企業や、地域の経済に貢献する企業がたくさんあります。この本でも取り上げている、「グローバルニッチトップ企業（GNT企業）」「元気なモノ作り中小企業300社」について紹介します。

小さな市場で世界的に活躍する企業がGNT企業に選ばれる

GNT企業のグローバルは世界、ニッチは特定の小さな市場を意味します。日本は、自動車、半導体製品、鉄鋼などの大きな市場への輸出が盛んですが、この本でも取り上げている、株式会社ヤナギヤの「カニカマ加工機械」、四国化工機株式会社の「紙容器成型充填機」や、株式会社西部技研の「除湿ローター」など、特定の市場に向けて世界的に輸出される製品も少なくありません。

経済産業省では、2014（平成26）年に、このような企業を「グローバルニッチ企業」と名付けました。そして、市場規模や海外シェアを基準に100社を選び、どのような製品を開発、販売し、どのような考えで会社を経営しているかを発表しました。今後、海外での活躍を目指す企業に向けて、どのようなモノが海外で需要があり、どのような経営戦略を持つべきか、その指針とするためです。

GNT企業の条件

大企業

- 特定の商品・サービスの世界市場の規模が「100～1,000億円」程度
- 過去３年以内で、１年でも「20％以上」の世界シェアを確保したことがある

中堅企業・中小企業者

- 特定の商品・サービスについて、過去３年以内で、１年でも「10％以上」の世界シェアを確保したことがある

※中堅企業は、大企業のうち、直近の売上高が1,000億円以下の企業

地域の経済と深い繋がりを持ち世界的にも活躍する中小企業

「元気なモノ作り中小企業300社」は、中小企業の育成や発展を支える中小企業庁と経済産業省が、2006（平成18）年から2009（平成21）年の４年間にわたって、モノ作りを通じて地元の資源を活用し、地域経済に貢献している企業や、高齢化や環境問題などの社会的課題に対応し、新規分野を開拓している企業を300社程度ずつ選定したものです。いずれも、世界的なシェアを持つ企業や、他社にはできないニッチな分野に特化する企業などが選ばれています。

中小企業の活動は、普段は目に触れにくいものですが、そうした中小企業が担っている重要な役割をわかりやすく示すことで、選ばれた中小企業の事業のチャンスを拡大させ、また、他の中小企業の励みとすることが目的です。若い年代の人たちに向けて、モノ作り分野に対する関心を持つきっかけとなることも期待しています。

この本で紹介している「元気なモノ作り中小企業300社」

会社名	選定理由（一部）
北見木材株式会社（北海道）	ピアノの響版など木製部品を製造し、国内で70％以上のシェア。
オリエンタルカーペット株式会社（山形県）	伝統的な技術と独自のマーセライズ技術で、高品質のじゅうたんを制作。
ケージーエス株式会社（埼玉県）	最小・最軽量の製品開発を通じて、世界シェア70％を獲得。
根本特殊化学株式会社（東京都）	全く新しく安全な、非放射性夜光塗料を開発して世界シェア80％。
テイボー株式会社（静岡県）	徹底した品質管理と安定した量産体制で、ペン先で国内トップシェア。
四国化工機株式会社（徳島県）	製品の賞味期限を２倍に延長させ、世界最高レベルの充填機を開発。
日プラ株式会社（香川県）	世界最大のアクリルパネルを製作し、世界シェアは50％以上を誇る。
株式会社西部技研（福岡県）	除湿機用のハニカムローターを開発し、世界シェア３割を占める。
株式会社佐喜眞義肢（沖縄県）	独自の構造の採用で、医療と健康福祉に貢献する関節装具を開発。

第2章 モノ・道具編

音楽やスポーツの分野で愛用されるモノ、生活を彩るじゅんたんや加工した花、水族館のパネルやドームの幕などの巨大なモノなどを紹介します。

マーキングペンのペン先

ピアノの響板

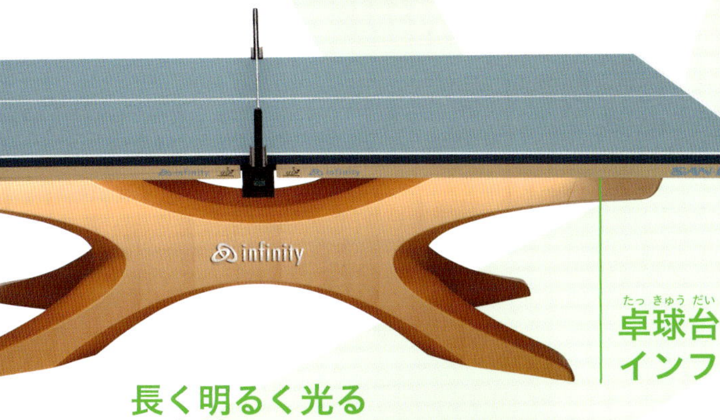

卓球台インフィニティ

長く明るく光るN夜光

プリザーブドフラワー

手織りの山形緞通

関節装具CBブレース

水槽用大型アクリルパネル

巨大な膜構造建築物

国内シェア60%！

北海道紋別郡遠軽町丸瀬布　北見木材株式会社

木材の特性を知り尽くした職人が生み出す！

ピアノの響板

鋼鉄製のピアノの弦を打った時の雑音を抑え、豊かな響きを生み出す「響板」。北見木材株式会社が響板で高いシェアを得られた理由は、木材の特性を見極めて能力を引き出す技術の高さや、木材加工に対する向上心、追求心にありました。

どんな製品？

ピアノの音を豊かにする重要なパーツ

響板は、ピアノの弦を叩いた音を増幅して、豊かな音を出すための板で、ピアノの「心臓部」といわれるほど重要なパーツです。この響板に使う木材は、厳しい条件をクリアしなければならず、木目や色、硬さなど適した原材料を調達するだけでなく、その木材の特性に合わせて、適切な加工をほどこす必要があります。

会社データ

創業	1950（昭和25）年
資本金	5,000万円
従業員	110名
事業内容	エゾマツ、スプルースを原材料にした楽器部材等の製造・販売
所在地	北海道紋別郡遠軽町丸瀬布元町41番地

「北海道遠軽町」で誕生したワケ

北海道のアカエゾマツをヤマハ株式会社に供給

北見木材は1950（昭和25）年、日本楽器製造（株）（現在のヤマハ（株））への原木（丸太）の供給を目的として、北海道北見市に設立。当時の原木の供給元は、アカエゾマツが豊富にあった丸瀬布（遠軽から旭川方面に約20㎞）でした。

1960（昭和35）年には、集約した原木を丸瀬布の丸瀬布木材工業で製材した板材をヤマハ（株）に供給するようになり、1972（昭和47）年に丸瀬布木材工業と合併。1984（昭和59）年に本社を現在の北海道紋別郡遠軽町丸瀬布に移しました。

巨大な岩・瞰望岩

地上から約78mの高さでそびえる瞰望岩は遠軽町のシンボル的な存在で、町のあらゆる場所から見ることができます。アイヌ語では「インカルシ」と呼ばれ、これは「見晴らしの良いところ」という意味です。

山彦の滝

高さ約28mから流れ落ちる滝。裏側からも見られることから「裏見の滝」とも呼ばれています。厳しい寒さとなる冬になると、滝が完全に氷結して、幻想的な1本の氷の柱に姿を変えます。

データで見る「木材生産部門の産出額」

木材生産の産出額 ベスト5

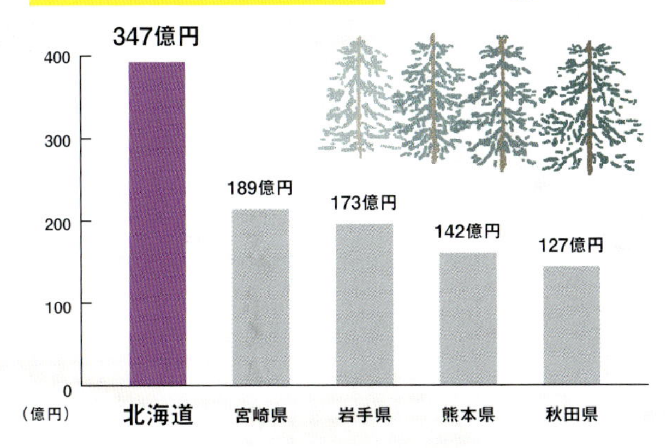

北海道は、「北海道の木」に指定されているエゾマツや、スギ、ヒノキ、アカマツなどの森林資源が豊富で、森林面積は全国1位の554万ha。これは、日本全体の森林の約4分の1の広さにあたります。また。木材生産部門の産出額でも全国1位で、全体の14.8％を占めています。

出典：農林水産省「林業産出額及び生産林業所得（平成26年）」

遠軽町ってこんなところ

黒曜石や石器の産地としても知られる

北海道の北東部に位置する遠軽町。かつては北海道の中央部とオホーツク海側を結ぶ交通の要として栄え、旧石器時代には黒曜石や石器の産地だったことが知られています。「遠軽」という町名の由来は、町のシンボルである周囲を見渡せる巨大な岩のアイヌ語「インカルシ」で、1901（明治34）年に郵便局に「遠軽」の名前がつけられたことがきっかけで定着しました。

左の黒曜石は遠軽町白滝地域にある遺跡からの出土品（遠軽町埋蔵文化財センター所蔵）。

ピアノの響板のココがスゴイ！

自然の木材の性質は１本１本異なります。最適な加工をすることで、高品質の響板が生まれます。

スゴイ！1 何年もの経験を重ねて木の特性を見極める

響板に使う木材には、高い品質が求められます。一方で、原木は生育環境などによって１本１本、特性が異なります。そのため、その木のどの部分がどのような特性を持っているかを見極める技術（目利き）が重要になり、特に原木の内側の欠点を見抜くには何年もの経験が必要になります。

北見木材では輸入した木材も使用していますが、その購入の際も目利きの力が活きています。

開発メモ

高い技能を持った職人を育成している

楽器は、材質はもちろん、その加工には極めて高度な技術が要求されます。なかでも１本１本、質の異なる木材を適材適所に使い分けていく技能を育てるには、最低でも10年はかかるそうです。高い技能を持った職人の育成や、木材加工に関するノウハウの蓄積が、この会社の強みです。

スゴイ！2 木材を適材適所に使い分けて組み合わせる

響板は１枚の板のように見えますが、実は20〜25枚の板を組み合わせて作られています。この組み合わせを「セット」と呼び、それぞれ性格の違う板を木目の幅や色合いなどを考えながら、最適なセットを作って接着していきます。

熟練した職人は、板の性格をすぐに把握して、10分程度で一つのセットを作り上げます。

ここでは、鍵盤などのピアノ用板材も製造しています。鍵盤材には、板目の木材が使われています。

スゴイ！3
冷涼で乾燥した気候が天然乾燥に適している

北見木材（株）のある丸瀬布は、緯度や環境がピアノ発祥の地のヨーロッパに近いのでピアノに使用する板材の乾燥に適しています。その環境下で、使用部位に応じてヤマハ（株）が決めた期間に合わせて天然乾燥を行い、その後さらに特殊な技術で人工乾燥します。

原木は製材された後、風雨に打たれながら最低でも6カ月以上、天然乾燥されます。

開発の歴史

ヤマハ（株）の技術指導で楽器部材メーカーへ

北見木材（株）は、当初ヤマハ（株）に原木のみを出荷していましたが、ヤマハ（株）の長年にわたる技術指導のもと、厳しい要求に応えながら技術を磨き、現在の楽器用木製部材メーカーになります。現在はアカエゾマツのほかに、輸入材も使用しています。

2016（平成28）年3月、遠軽町の町有林内のアカエゾマツ人工林が「ピアノの森」として設置されました。

スゴイ！4
1枚の響板が完成するまでに1年以上の時間をかける

原木の購入から製材、天然乾燥、加工の後、一定の温度・湿度に保たれた「シーズニング室」で1週間～3カ月かけて保管され、品質を安定させます。その後、仕上げの研磨や検査を経て、ようやく出荷を迎えます。1枚の響板が出荷されるまでに1年以上という長い時間がかけられているのです。

熟練した職人が1枚ずつ、じっくりと目で見て検査します。

響板のシーズニングは、ピアノの豊かな響きにも関わる重要な工程です。

ピアノの響板のできるまで

原木から高品質の響板を作り上げる

質の良い原木を調達して製材し、約6カ月間の天然乾燥や人工乾燥を行うことで響板としての条件を整えた後に加工されます。

1 製材した材木を乾燥させる

原木を製材した後、天日と風雨にさらして天然乾燥させます。

2 ランク分けしてセットを組む

乾燥させた木材をランク別に分けて組み合わせ、接着します。

3 成形して強度試験を行う

板を響板の形に成形して、強度試験などの試験を行います。

開発者インタビュー

北見木材の響板の素晴らしさを世界中の人たちに感じてもらいたい

響板生産課課長 **長瀬広大さん**

2007（平成19）年入社。最上級グレードの響板のセット組を行える、数少ない職人のひとり。

Q1 ピアノ用響板の開発を始めたきっかけは？

響板の開発を始めた当初は、原木をヤマハ（株）に納入していました。1976（昭和51）年から鍵盤材を板の長さにカットした木取材で、1985（昭和60）年から響板材なども納入し始め、その後、1991（平成3）年から響板材の加工を始めたと聞いています。

Q2 響板加工で特に気をつかう工程は？

約４ｍある材木をカットしていく時も、ただ欠点のある部分を取り除いていくというのではなく、完成品のグレードや品質を確かめながらカットします。また、カットした板を組み合わせる際も木目や色を合わせて１枚の響板にしていく作業も気をつかいます。

木材の目や色を適切に組み合わせることが、響板の響きの良さにも関係しています。

Q3 響板の加工で難しいと感じる点は？

木材は自然のものですので、ひとつとして同じ品質のものはありません。その木材を工場で加工する中で、必ず「品質」というものを頭に置いて作業を進めていく必要があります。そのため、木材の性質を把握して、品質を維持するということには細心の注意を払っています。

Q4 響板を作るなかで、力を注いでいることは？

私たちは１人でも多くの方にピアノを弾いていただきたいと考え響板作りをしています。そのため、一本一本異なる木材の質を見極めて、常に品質を安定させて、これからも良品を出し続けていくことに力を注いでいます。

Q5 今後の目標を聞かせてください。

最近は、少し職人が少なくなってきていますので、今、頑張っている若手たちがどんどん一人前の職人として成長していけるようにしたいですね。そして、先輩たちから受け継いできた北見木材（株）の伝統を大切にしながら、響板の素晴らしさを世界中の人たちに感じていただいて、この先も品質の高い響板を作り続けたいと思っています。

長年にわたって蓄積された響板加工の技術やノウハウが、ピアノの美しい響きを生み出しています。

世界中に進出している海外ヤマハグループに輸出

北見木材（株）が響板板材製品を初めて輸出したのは約25年前の1990年代のことです。輸出は、海外ヤマハグループの台湾から始まりました。その後、アメリカ、中国、インドネシアにも輸出を開始します。現在は、海外ヤマハグループの中国に年間約２万6,000台、インドネシアヤマハ（株）に年間約１万5,000台輸出しています。

「ピアノの響板」の現在の輸出先

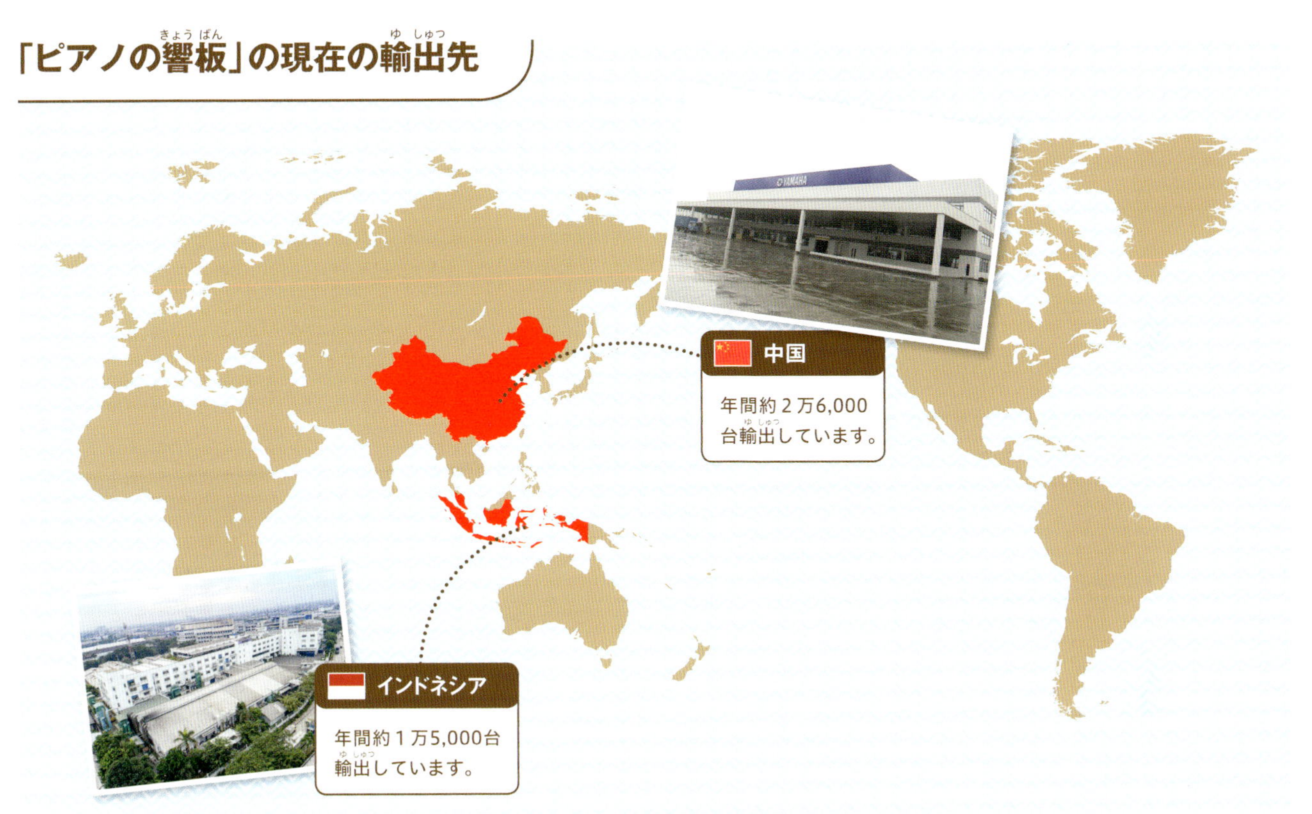

日本と海外こんなところがちがう！

製造するピアノのグレードに合わせて輸出

響板の仕様と品質はヤマハ（株）の規格に沿って作られているので、海外用と国内用とで、同じグレードのピアノなら性質の違いはありません。ただし、製造するピアノのグレードは地域によって異なるため、響板もこのグレードに合わせて出荷しています。北見木材（株）の響板は、高級品質の国際コンクール用ピアノにも使用されるなど、世界中で高い評価を得ています。

びっくり！THE WORLD

日本が世界に誇るヤマハピアノ

北見木材（株）が響板を出荷するヤマハ（株）が、国産初のアップライトピアノを製造したのは1900（明治33）年。以降、グランドピアノも作り、音やタッチを追求しながらピアノ製造を続け、1965（昭和40）年には生産台数世界一となりました。

明治30年代に製造されたアップライトピアノ。家庭でも、学校の音楽教室でも使われました。

バチカン宮殿にも納入！

山形県東村山郡山辺町　オリエンタルカーペット株式会社

手作業で染めて、織って作る高級じゅうたん

手織りの山形緞通

じゅうたんのなかでも、特に手間のかかる手織りの高級品を「緞通」と呼びます。オリエンタルカーペットでは、山形県と馴染みの深い繊維工業の技術を活かし、手作業で、世界的にも人気の高い「山形緞通」を作り続けています。

どんな製品？

自社で一貫生産 日本独自の緞通を追求する

屋内では必ず靴を脱ぎ、床に座って時には寝転がったり……。そんな日本の生活様式に合わせた独自の緞通を追求しているのが、オリエンタルカーペットです。伝統の手作業で、染め、織り、艶出しの工程を自社で手がける点が特徴のひとつ。また日本の自然をテーマに、古典なものからモダンなものまで幅広いコンセプトのデザインにも力を入れています。

会社データ

創業　1935（昭和10）年　資本金　4,000万円　従業員　56名

事業内容　手織り緞通などの製造

所在地　山形県東村山郡山辺町大字山辺21番地

なぜ？ いつから？

「山形県山辺町」で誕生したワケ

染色と織物が盛んな土地 新たな輸出産業を育成

江戸時代から染色や織物が盛んだった山形県の山辺町。しかし昭和初期には恐慌、冷害、凶作に見舞われ、身売りをしなければならないほど厳しい状態でした。そこで創業者・渡辺順之助らが、染色や織物の技術を生かした新しい地場産業の育成を決意。1935（昭和10）年に本場・中国から技術者７人を招き、じゅうたんの製造と輸出を始めます。戦争をはさんで1948（昭和23）年から、アメリカへの輸出を始め、その高い品質が次第に各国で評価されるようになりました。

緞通作りを支えた染色技術

山野辺木綿、山野辺蚊帳などの名産品で、山辺町の綿織物は内外にひろく出荷されていました。木綿織りの技術に加えて、紅花、藍などの染色技術もじゅうたん作りの大きな土台となっています。戦後には毛メリヤス機編みの技術が定着し、現在のニット産業に発展しました。

山辺ニット

綿織物産業を母体にしながら、サマーニットを全国的に普及させたことでも知られる山辺町のニット産業。現在は台頭する海外製品に対抗するため、多品種少量生産、コンピュータ管理の導入、インテリア市場への進出など、さまざまな取り組みを行っています。

データで見る「山形県の製造業」

山形県の従業者構成比 ベスト5

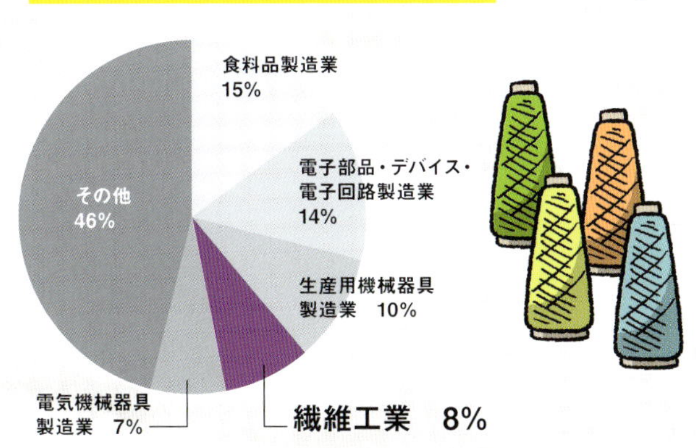

山形県の製造業のうち、従業員数の割合で第４位を占めるのが織物やじゅうたんなどの繊維工業。８％という比率は、全国平均の２倍です。染色や織物の伝統がある山辺町は、日本有数のニット産地としても有名。県内シェアの４割を占め、サマーニット発祥の地としても知られています。

出典：経済産業省「平成24年工業統計」

山辺町って こんなところ

県内屈指のサクランボ

山形県東村山郡山辺町は人口１万5600人。工業に携わる事業所75のうち、繊維が４割にあたる30を占めています（2014年）。繊維のほか、シュレッダーなどの精密機械の製造でも知られます。恵まれた自然環境を生かした農業も盛んで、特にサクランボは気候や土壌などの条件に恵まれ、高い品質で知られています。

山辺町では、山形県で栽培されるサクランボの約７割を占める品種「佐藤錦」も作られています。

手織りの山形緞通のココがスゴイ！

1日に織り上げられる量は7cm。設計図に基づき、熟練の職人の手によって少しずつ作られます。

フックガンと呼ばれる工具を使い、技術者が文様を織り上げます。

スゴイ！1 一貫した品質管理体制が市場での特長に

染色、織り、仕上げの艶出し加工まで、熟練した職人による一貫体制で生産します。通常は分業で行われる工程を1つのチームで手がけるのは、オリエンタルカーペットだけ。コストは高まりますが、一貫した品質管理が強みになっています。

スゴイ！2 精魂込めた手織りで1日に7cm織り上げる

精密な設計図に基づいて、染色した糸をひと結びひと結び、手で結び合わせていく作業。熟練した職人による「手織り」は、1日に織り上げられる長さが7cmというたいへんな手間をかけて行われます。また、工具を使って行う「手刺し」は作業時間が短縮できますが、正確に柄を表現するために熟練した技術が欠かせません。

手織りによる緞通作りの様子。

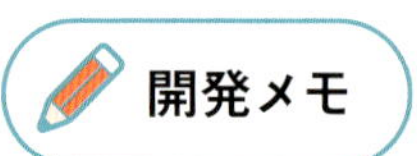

開発メモ

従来の手織りとあわせて手刺緞通も生産

戦後に始めたアメリカ輸出を足がかりに、バチカン宮殿に納入されるなど海外でも注目されるように。1971（昭和46）年には従来の手織りと並行し、フックガンと呼ばれる工具を使ったクラフトン（手刺緞通）の本格生産も始めます。2013（平成25）年からは個人向けのブランドを立ち上げ、多くの人に販売できるように努めています。

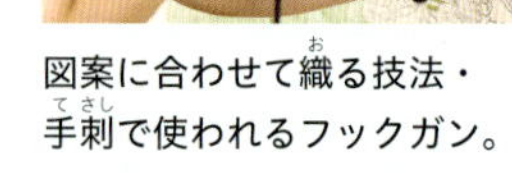

図案に合わせて織る技法・手刺で使われるフックガン。

スゴイ！3 創業当初からの独自技術艶と柔らかさを与える

織り上げた緞通に艶と柔らかさを与える工程「マーセライズ」（化学艶出仕上）は、オリエンタルカーペットが日本で初めて導入。1950（昭和25）年に確立した技術です。独自開発した特殊な液に緞通を浸し、丁寧にブラッシングすることで、鮮やかな艶が実現します。

専用の水槽で「マーセライズ」加工を行っています。

(左)和洋どちらの空間にも合うようデザインされた新しい古典柄のじゅうたん。
(右)自然をテーマにした現代的なデザインの「あけぼの」。

スゴイ! 4

古典から現代風まで日本の美をデザイン

日本の自然をモチーフにバラエティ豊かなデザインを展開。古典的な伝統文様からモダンな抽象的な図柄まで、これまでの考えにとらわれない緞通に取り組んでいます。建築家・隈研吾氏、工業デザイナー・奥山清行氏といった世界的なアーティストとも協同し、日本の美を追求し続けています。

開発の歴史

国の関係を超えて中国から技術者を招く

中国から緞通の技術者7人を招いたのは1935(昭和10)年5月。日中関係が悪化するなか、2年の技術指導が行われました。太平洋戦争による中断をはさみ、1946(昭和21)年に再出発しました。その後も新たな技術開発を重ね、世界中にその名が知られるようになりました。

綿織物で栄えた山辺町の風景。山形市の北西部にあり、南東に蔵王山、北西には月山があります。

手織りの山形緞通のできるまで

染色、織り上げを経て仕上げられる

山形緞通では一般的な木綿糸ではなく、独自ブレンドした羊毛が使われるのが特徴。さまざまな工程を経て仕上げられます。

1 羊毛を染色する

オリエンタルカーペット独自ブレンドの羊毛を綿密なテストを経て色を調合し、染色します。

2 手作業で織り上げる

染色した糸を縦糸に結び合わせて切る、という作業を繰り返して織り上げていきます。

3 カービング(浮彫り)

模様を立体的に見せたり、輪郭を浮きたたせる作業。電動のハサミを使ってきれいに仕上げます。

4 表面をブラッシング

独自に開発した液に緞通を浸して、表面をブラッシングし、仕上げます。

開発者インタビュー

東北、山形、山辺町の気質を活かして今後も新たなチャンレジを続けたい

代表取締役社長　渡辺博明さん

青山学院大学卒業後、山形テレビを経て、1991年にオリエンタルカーペットへ。2006（平成18）年、代表取締役社長に就任。

Q1 どのようにして世界的に評価されるようになったのですか？

1948（昭和23）年からアメリカへの輸出を始めました。これがきっかけで、バチカン宮殿法皇謁見の間への納入に至りました。当社ではそのほかルーズベルト記念館など、各国の有名な場に提供しています。

京都祇園祭の山鉾を飾る懸装品として用いられる緞通を、手作業で復元しているところ。

（上）世界的工業デザイナー・奥山清行氏が手がけた「UMI」。
（下）家庭での使用を念頭に置いたラインナップにも力を入れています。

Q2 その後はどのように経営してきたのですか？

1990年代のバブル景気の崩壊による不況が転機でした。時間のかかる手作りは、価格も高くなります。不景気な時代は高いものが敬遠されます。いいモノを作るということが作り手の手前勝手な思いになってしまったのです。その後も、リーマンショック、東日本大震災と、厳しい時期が続きました。

オリエンタルカーペットのじゅうたんは、豪華寝台列車「四季島」にも導入されています。（画像提供：JR東日本）

Q3 そうした逆境を、どのように克服してきたのですか？

伝統的な手作りの工芸品というのが当社の存在意義ですから、大手の会社と同じような商品で勝負しようとは思いません。といって、ただモノがいいというだけで売れる時代でもない。そこで山形緞通という個人が購入するブランドを立ち上げ、製品に込めた思いや物語を通じて商品イメージの確立を行いました。

Q4 これから会社をどのようにしていきたいですか？

幸いいま、地元の若い人たちが入社してくれます。大変な時を支えてくれた社員、そして若い人たちがこの手仕事で将来に希望が持てるような環境作りが、これからのテーマですね。当社のもの作りの根底にあるのは、東北、山形、そして山辺町の実直な気質。これからも山辺町に腰を据えて、新しいチャレンジに取り組みます。

バチカン宮殿に納入 国際見本市にも新たに進出中

当初から輸出産業として出発した山辺町のじゅうたん作り。バチカン宮殿法皇謁見の間に納入したのは、1964（昭和39）年のことです。まだ途上国だった日本が国際的な権威のお墨つきを得たことで、世界各国から大きな注目を集めました。現在はヨーロッパの見本市にも山形緞通を出品し、新しい市場を開拓しています。

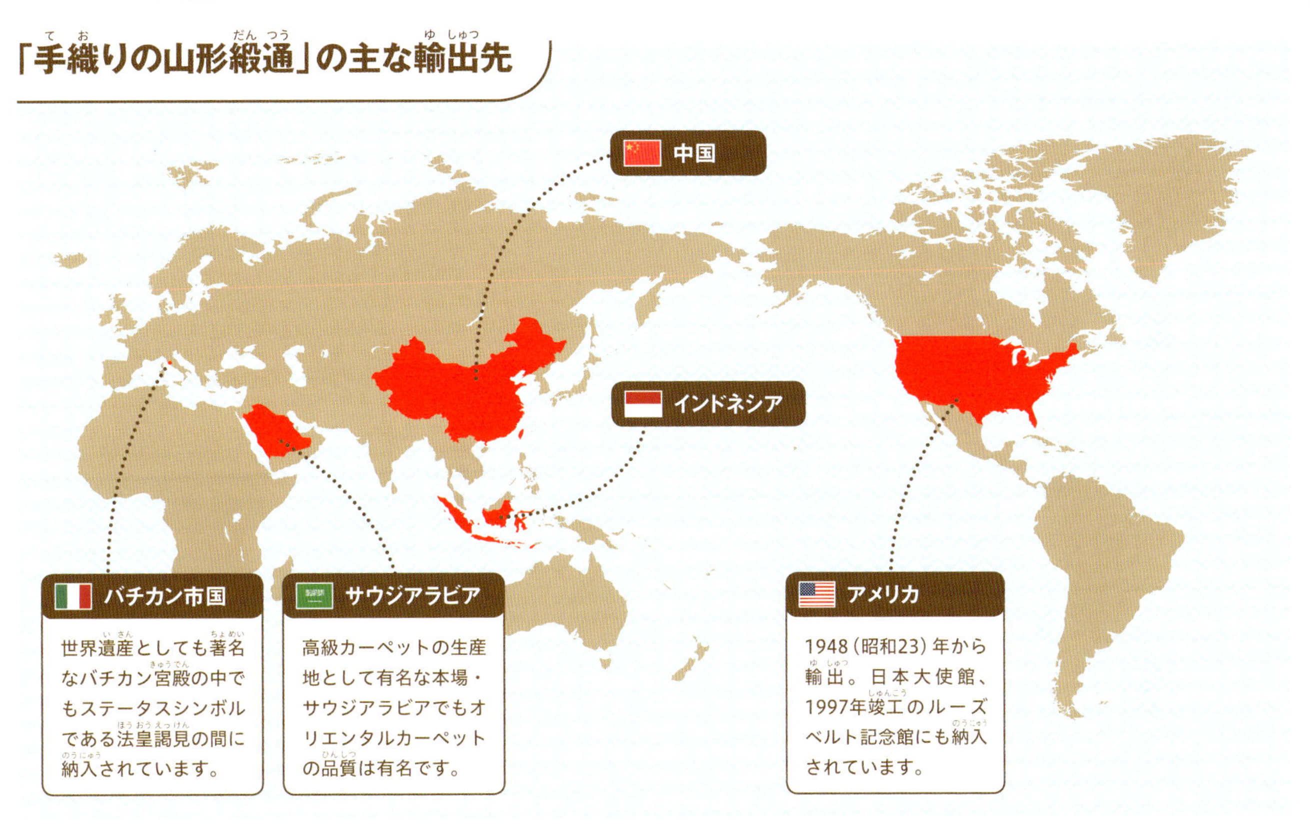

日本と海外 こんなところがちがう！

日本のカーペット離れを止めたヨーロッパの研究結果

明治時代から輸出されていた日本生まれのカーペット。やがて裕福な人たちから、生活の洋式化にともなって国内でも普及していきます。昭和の終わり頃にはダニやアレルギーについて誤解を生む報道があり、市場規模が縮小したこともありました。しかしフローリングよりカーペットのほうが健康にいいというヨーロッパの研究結果が相次ぎ、再び見直されています。

びっくり！ THE WORLD

成長する世界の市場 人気デザインも変化

世界のカーペット市場は、建設や輸送産業の活況を背景に成長が見込まれています。製法別で最もシェアが大きいのは、タフト式という機械による簡易織りの製品。一般消費者向けでは従来と異なる非幾何学的デザイン、より力強い色彩が主流です。

タフト式で作られたデザイン。生産スピードが速く、低コストで作ることができます。

オリンピックで採用された！

北海道足寄郡足寄町　株式会社三英（TTF事業所）

北海道のカツラ材を用いた国際試合で採用される卓球台

卓球台インフィニティ

卓球台の天板を手がけた材木店を前身に、1962（昭和37）年、卓球台メーカー・三英を創業。1992（平成４）年のバルセロナ、2016（平成28）年のリオ、さらに2020年の東京オリンピックでも公式卓球台に選ばれました。

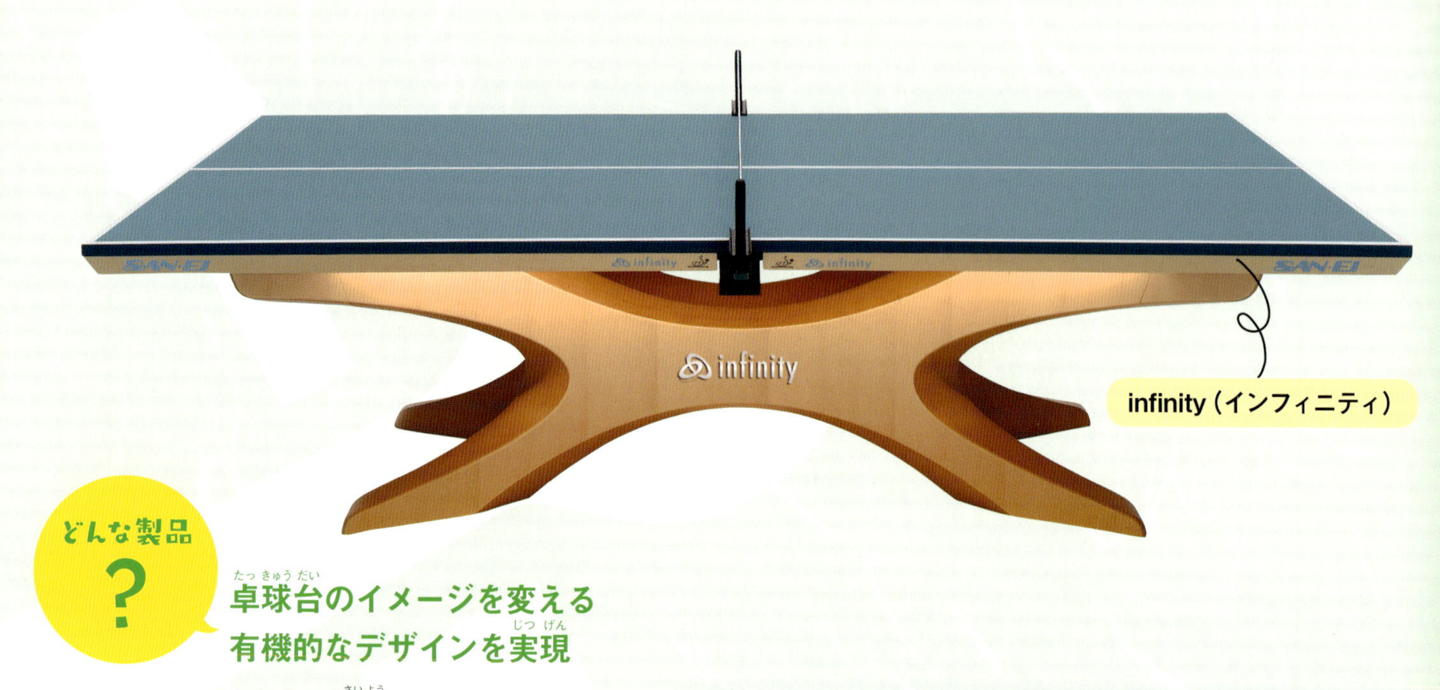

infinity（インフィニティ）

どんな製品？

卓球台のイメージを変える有機的なデザインを実現

リオオリンピックでの採用を目指して開発された卓球台「infinity（インフィニティ）」は、選手たちに定評のある天板に加え、通常は金属で作られる脚部に木材を用いています。美しい曲線を描く脚部のデザインを実現するため、木材を曲げる技術で世界的に知られる山形県の天童木工に協力を依頼。

2020年の東京オリンピックでも公式卓球台に選ばれています。

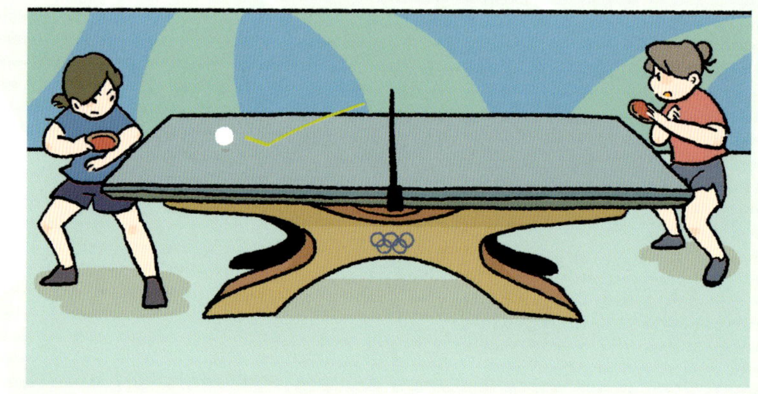

※infinity（インフィニティ）は「無限」「無限大」という意味です。

会社データ

創業	1962（昭和37）年	資本金	9,500万円	従業員	120人
事業内容	卓球台・遊具・トリム・修景施設の製造				
所在地	北海道足寄郡足寄町新町2-16				

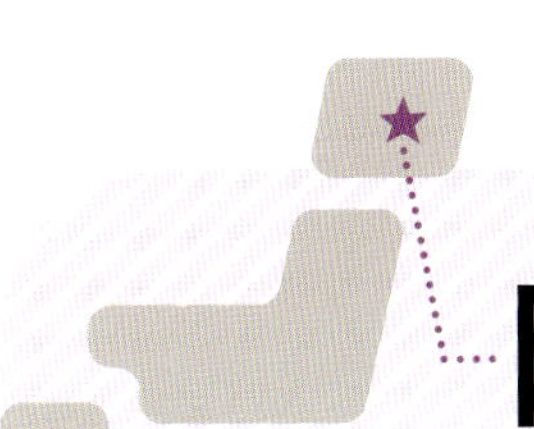

なぜ？ いつから？

「北海道足寄町」で誕生したワケ

総面積の8割が森林の町 天板の確保に最適な環境

三英が北海道の足寄町に進出したのは、1989（平成元）年のことです。同社は創業当初から、カツラ材の合板を用いた卓球台の天板で定評を得ていました。足寄町はそのカツラ材がたやすく確保できることに加え、加工会社も数多く存在しています。また梅雨がなく湿度が低いなど気候でも恵まれていたことが、進出の決め手となりました。自然豊かな足寄町は、町の面積の84%を森林が占めています。明治時代から材木が軍用材などに利用され、林業が発展してきました。

三英の歴史

昭和40年代の営業車。1962（昭和37）年に卓球台の販売会社として三英商会を設立。その後、1989（平成元）年に北海道で現在の三英TTF事業所を開業しました。

バルセロナオリンピックへ

北海道に拠点を設けた3年後の1992（平成4）年、バルセロナオリンピックで初めて公式採用されました。青い天板は画期的でしたが、脚部のデザインはごく一般的な形です。

データで見る「全国の森林率」

都道府県別森林面積率 ベスト5

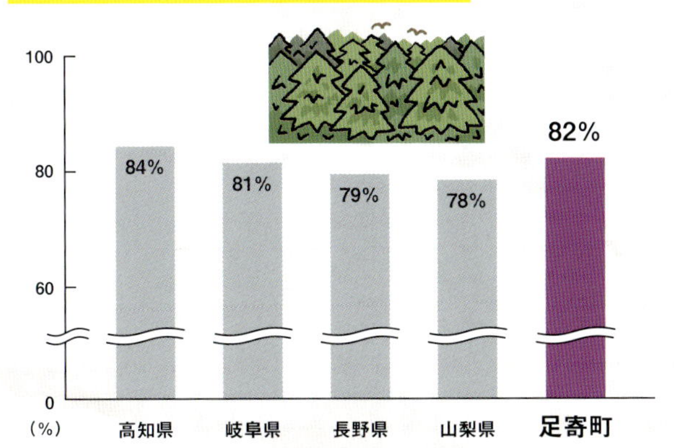

農林業が盛んな足寄町は、面積に占める森林（森林率）が都道府県別で全国1位の高知県（84%）に匹敵する82%に達します。また全農家に占める販売農家（商品生産を主目的とする農家）の割合は96.3%に上り、全国平均（66.5%）を大きく上回っています。

出典：足寄町「森林整備計画」（平成26年）、林野庁「都道府県別森林率・人工林率」（平成24年）

足寄町って こんなところ

阿寒摩周国立公園の湖で有名

気候は寒暖の差が非常に大きく、降水量・降雪量が少なく、日照時間が長いことが特徴。豊かな自然と森林資源に恵まれ、阿寒摩周国立公園に含まれる湖・オンネトーの美しい景観が全国的に愛されています。基幹産業は、この恵まれた環境を活かした農林業。小麦の栽培や酪農のほか、フキの一種・らわんブキが特に名産として知られます。

阿寒摩周国立公園内にある湖「オンネトー」。名前はアイヌ語で「老いた沼・大きな沼」の意味を持ちます。

卓球台インフィニティのココがスゴイ！

選手から絶賛される理由は、性能やデザイン性の高さへの、こだわりのモノ作りにありました。

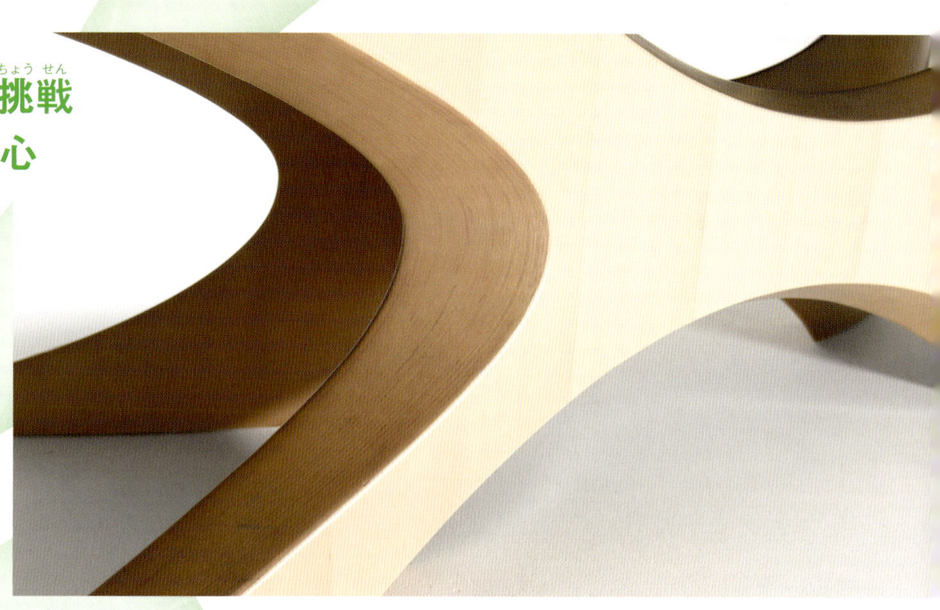

スゴイ！1 ブナ材の脚部製作に挑戦 特殊な合板加工に苦心

東日本大震災からの復興を願い、「被災地のブナ材で作った卓球台でオリンピックを飾る」を合言葉に開発を開始。普通は金属の脚部を木製にすると、変形や天板の振動をいかに防ぐかが課題となります。そのため特殊な合板加工の試行錯誤が重ねられました。

何層にも貼り合わせた合板を加工することで、振動を防ぎつつ美しいデザインを実現しています。

スゴイ！2 木の変形を防ぐ独自技術 冷蔵コンテナで現地へ

卓球台の天板で大切なのは平滑度、つまりどれだけ真っ平らに作れるか。しかし材料となる木材は、温度・湿度の影響で反りやすいという短所があります。そのため長年積み重ねてきた独自の合板技術を駆使したのはもちろん、輸送中の変形を避けるため、冷蔵コンテナでブラジルに届けられました。

世界的選手たちからも支持されている三英の天板。

開発メモ

著名な工業デザイナーと木工業者がタッグを組む

独自のコンセプトを実現するため、著名な工業デザイナー・澄川伸一氏にデザインを依頼。でき上がった有機的な曲線に実用性を持たせるには、高度な合板の成形技術が不可欠でした。そこで三英が協力を仰いだのが、木を曲げる技術で世界的に有名な山形県の天童木工。この両者の力で画期的なデザインが実現したのです。

強度実験のために作られた試作品。

機械を使って、天板からどれだけ跳ね返るか「バウンド」を計測している様子。

スゴイ！3 トップ選手に定評のある「バウンドの均一性」

選手から「日本製の台でなければ勝てなかった」と称賛されたインフィニティ。秘訣のひとつは、天板のどこにボールを打っても均等に跳ね返る「バウンドの均一性」です。また選手の集中を妨げないよう表面の反射を極力抑えるなど、細心の工夫が詰まっています。

開発の歴史

念入りな準備と開発によって２つのオリンピックにつながった

三英の卓球台がオリンピックで公式採用されたのは、これまで２回。最初は1992（平成４）年のバルセロナです。三英は2012（平成24）年で再び採用を目指しますが、他社が選ばれて断念。そこで次の2016（平成28）年リオオリンピックに向け、ブラジル視察をはじめ入念な準備を経て開発を進め、採用されました。

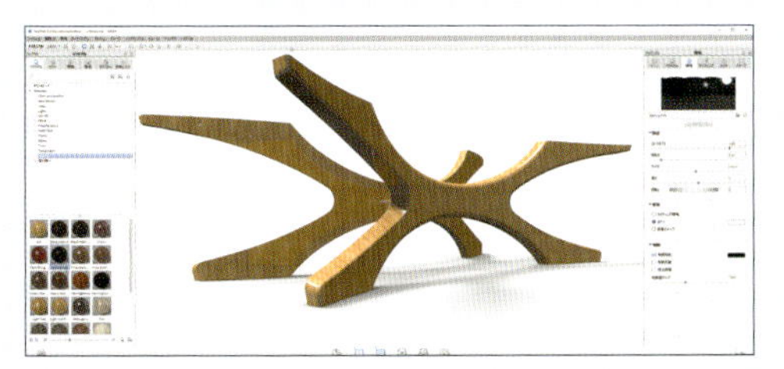

3Dデータによるデザインモデル。

スゴイ！4 既成概念にとらわれない独創的なデザインを追求

卓球台としての性能を極めながら、斬新で独創的なデザインを追求。日本のイメージとブラジルらしさを融合させ、木製の脚部が曲線を描く有機的なデザインが生まれました。また「青い瞳」を意味する独特な天板の色「レジュブルー」も、洗練された鮮やかさをアピールしています。

過去に例のない、大胆にカーブを描く有機的なデザインの脚部。

卓球台インフィニティのできるまで

被災地のブナ材が大舞台の卓球台に

バウンドの安定性などで選手から支持される天板、復興の願いを込めた木製の脚部が、綿密な作業を経て作り出されます。

1 木材を貼り合わせる

岩手県宮古市のブナ材を使用。複数の板を貼り合わせて合板にする。

2 プレスで板を曲げる

貼り合わせるのと同時に加熱・プレスし、所定のカーブに加工する。

3 機械加工で削り出す

プレス成型した合板を機械で削り、デザイン本来の形に近づけていく。

4 塗装・組み立て

木目を残したまま塗装して表面を保護。最後に卓球台の形に組み立てる。

開発者インタビュー

東日本大震災からの復興を願い 東北のブナ材も使ってリオオリンピックへ

取締役 TTF工場長 生産本部副本部長 吉澤今朝男さん

1989（平成元）年に入社。その後、スポーツ事業部長などを経て、2017（平成29）年３月に取締役就任。

Q1 リオでの公式採用を目指した経緯を教えてください。

オリンピックは海外でのブランドPRに大きな影響があるため、ぜひ公式採用を勝ち取りたいと考えていました。日系移民の多いブラジルは、日本との関わりが深い国です。そこで日本の和風の趣きとブラジルのナショナルカラーや自然のイメージを融合したいと考えました。

復興への思いも込めた独特な青「レジュブルー」は、日本とブラジルのイメージを融合させるコンセプトから考案されました。

Q2 リオでインフィニティが公式採用された決め手は？

当社は卓球の地味なイメージを払拭しようと、天板の色を従来の緑から青に変えるなどデザイン面での工夫を重ねてきました。またそれだけでなく、卓球台としての性能も磨き続けてきたことも大きかったのでしょう。

Q3 開発で特に苦労した点はどのようなところでしたか？

特に頭を悩ませたのが、振動でした。横方向に伸びた脚部の構造は、天板や床からの振動を増幅しやすかったのです。試作を何度も繰り返し、厚みや形、板を貼り合わせる方法を追究しました。ようやく最終形状が決まって国際卓球連盟の認可を得られたのは、リオに向けて製品を出荷する期限ぎりぎりのタイミングでした。

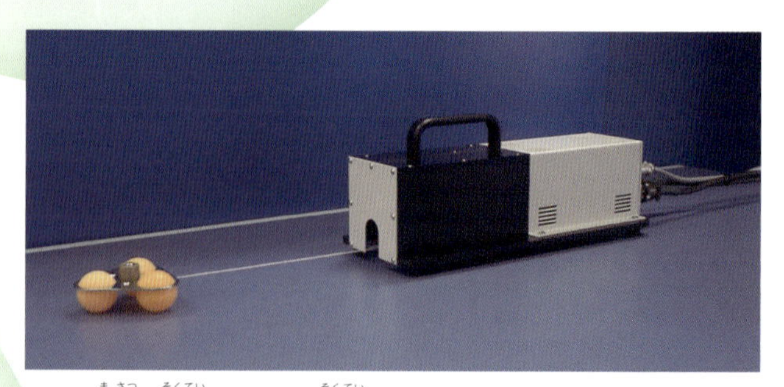

天板の摩擦を測定する機械で測定をしながら開発を進めました。

Q4 東日本大震災でどのような影響がありましたか？

2011（平成23）年の震災では、当社でも被災された地域に販売されるはずの卓球台が出荷センターにあふれ返るという事態を経験しています。そうしたなか、リオを目指す卓球台は、復興への願いを込めたものにしたいと考え、そこから新しい息吹や生命力を感じられるカラーや、また東北地方で多く生育するブナ材を採用するなどの基本を決めていきました。

Q5 これからの展望について教えてください。

インフィニティは私がこれまで最も苦労した作品です。それだけに完成した時は感無量でしたが、もっと改良を重ねたいという思いもありました。いまは東京オリンピックで使われる卓球台の開発に取り組んでいます。リオ以上に美しいデザインとなるでしょうが、構造はさらに工夫を要するものになると思います。

世界に飛び立つ「卓球台インフィニティ」

国際大会で次々に採用される

選手や大会関係者からも称賛された卓球台・インフィニティ。リオオリンピック後も問い合わせが相次ぎ、国内のイベントはもちろん、国際的な展示会でも注目を集めています。そんな人気を反映して、アルゼンチン、マレーシアでの国際大会でも採用されました。さらにリオオリンピックに続き、2020年の東京大会でも公式採用が決定。ますます海外での注目が高まります。

「卓球台インフィニティ」の主な輸出先

日本と海外 こんなところがちがう！

色も形も地味だった卓球台 世界的にデザインが多様化

これまでの卓球台といえば、緑色の天板に４本の足が生えたテーブルそのものが主流でした。しかし、三英は卓球台が持つ地味な印象を変えようと、1992（平成４）年のバルセロナオリンピックで青い天板の卓球台を、2001（平成13）年に大阪で行われた世界選手権で独自デザインの卓球台を提供。その後、世界的にも徐々にデザインや色が多様化するようになりました。

びっくり！ THE WORLD

アジアで人気の卓球。イギリスが発祥の地

海外でもピンポンの名前で親しまれる卓球。アジアで盛んな印象がありますが、発祥はビクトリア時代のイギリス。19世紀、インドに駐在していたイギリス軍人の遊びが、卓球のルーツです。当時はネットの代わりに本を並べていました。

写真は昭和40年代前半頃の卓球台。最近の卓球台は青色が主流ですが、かつては緑色でした。

夜光塗料の歴史を塗り替えた！

東京都杉並区　根本特殊化学株式会社

夜でも明るく、安心・安全・便利な蓄光材料

長く明るく光るN夜光

根本特殊化学は、1990年代に約３年がかりで、放射性物質を含まずに長時間明るく光る蓄光材料「Ｎ夜光」を開発しました。Ｎ夜光は時計の文字盤や避難誘導の標識などで活用され、世界中の暗闇を明るく照らし続けています。

どんな製品？

わずかな光をため込んで長時間、明るく発光する

夜光（正しくは蓄光）には、放射性物質の力で常に発光し続ける「自発光性」と、光をため込んで発光する「蓄光性」の２種類があります。かつて蓄光性は、長い時間発光させることはできないものとされていました。根本特殊化学が開発した蓄光性顔料「Ｎ夜光」は、放射性物質を含まずに長時間発光が可能で、「夜光」の歴史を塗り替えたといわれています。

会社データ

創業　1941（昭和16）年　資本金　9,900万円　従業員　グループ全体で約650名

事業内容　化学、蓄光材料・防災用品の製造

所在地　東京都杉並区高井戸東4-10-9

なぜ？　いつから？

「東京都杉並区」で誕生したワケ

創業以来の危機をN夜光で乗り越えた

根本特殊化学は、1941（昭和16）年12月に時計、計器等の夜光塗装加工、夜光塗料販売を目的として、創業者が居住していた杉並区で創業しました。戦後は、時計の文字盤や針の夜光塗装加工で業績を伸ばし、海外にも現地法人を設立し、国際化を進めていきます。1990年代には放射性物質を使用する自発性の夜光塗料の大口取引がなくなるのを見越して、N夜光の開発に成功し、会社の危機を避けてきました。そこから売上を拡大していきました。

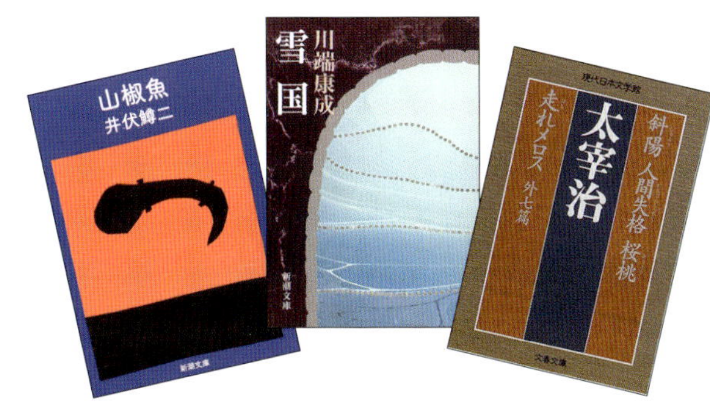

阿佐ヶ谷文士村

杉並区の阿佐ヶ谷周辺はかつて、「阿佐ヶ谷文士村」と呼ばれ、『山椒魚』の井伏鱒二、『雪国』の川端康成、『人間失格』の太宰治など、多くの作家たちが暮らす場所でした。今でもこの辺りは、文学や映画、音楽などの芸術を好む風土が生きています。

善福寺公園

杉並区にある善福寺公園は善福寺池を中心とした都立公園です。池の水はかつて上水道の補助水源にされたほど澄んでいます。また、湧水量も豊富で、武蔵野三大湧水池のひとつとされていました。

データで見る「塗料の世界市場」

塗料の国・地域別シェア

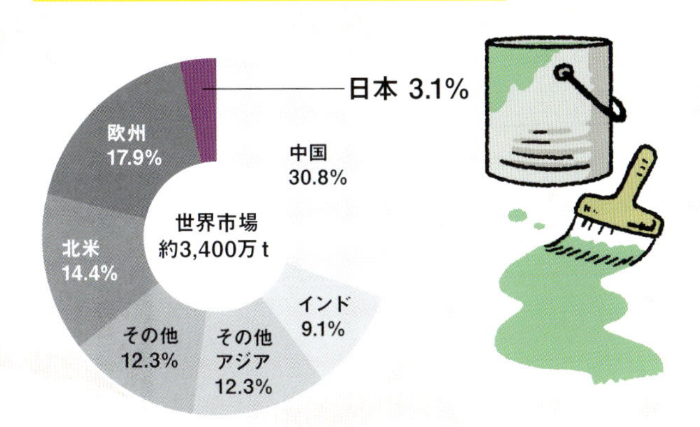

夜光塗料を含む「塗料」は、世界全体で、年間、3,400万t販売されています。ドラム缶（200Lサイズ）で、約1億7,000万本分の量です。そのうち中国は約3分の1の30.8%販売されていて、日本の約10倍の規模があります。また、世界市場の半数以上の55%がアジア圏で販売されています。

杉並区ってこんなところ

制作会社が集まるアニメの町

日本全国に622社あるとされているアニメ制作会社のうち、杉並区内には138社があります。市区町村別では全国1位です。2005（平成17）年には、アニメ全般を総合的に紹介する「杉並アニメーションミュージアム」が、杉並区上荻に開館されました。アニメの歴史の紹介や、アニメができる過程を直接体験できる展示、アニメの原理の解説など、さまざまな形でアニメを楽しめます。

館内では、アニメの映像に合わせて、声の吹き込み体験などができます。

出典：特許庁「平成27年度　特許出願技術動向調査報告書（概要）　塗料」
※「N夜光」「ルミノーバ」は根本特殊化学株式会社の登録商標です

長く明るく光るN夜光のココがスゴイ！

蓄光材料の歴史を大きく塗り替えたといわれるN夜光には、さまざまな特徴があります。

スゴイ！1 放射性物質を含まず人と環境に優しい

かつて主流だった自発光性の夜光塗料は、放射線によって一晩中発光することが可能ですが、わずかに放射性物質が含まれています。蓄光性の材料であるN夜光には放射性物質が含まれていないので、人にも環境にも優しいという特徴があります。

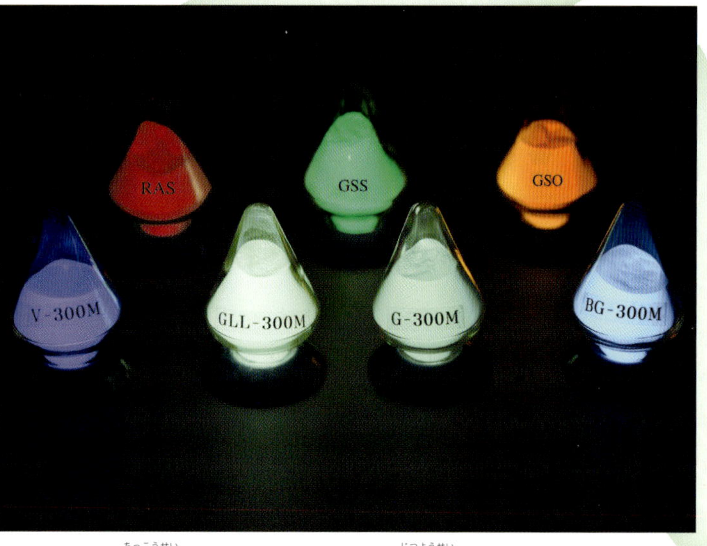

蓄光性の材料は発光時間が短く、実用性がないといわれていましたが、N夜光は輝きが長く続き、その常識を覆しました。

スゴイ！2 暗闇でも長時間発光 明るさも10倍に

N夜光は、従来品の蓄光材料と比べて、明るさが10倍、発光時間も10倍という画期的な物質で、放射性物質を含まずに一晩中発光します。また、光の吸収、発光、吸収、発光を何回でも繰り返すことができるのも特徴です。

N夜光のペレット（粒）。右が暗い環境。

時計の文字盤に塗られたN夜光。N夜光は、その文字の読みやすさで、発売後、世界中の時計に使われるようになりました

開発の歴史

夜光塗料から派生した事業の多角化を進めている

根本特殊化学では夜光塗料の開発だけでなく、創業者である根本謙三さんの「一つの事業は30年と続かない」という教えを守り、医薬品開発の研究支援を行うライフサイエンス事業、各種のセンサーを開発・販売するセンサー事業など、事業の多角化を進めています。

蓄光材料「N夜光」の使用例。夜光塗料の開発・製造の技術を応用して、新事業の展開を図っています。

スゴイ！3 耐光性に優れ屋外使用も可能

N夜光以前に主流だった硫化亜鉛タイプの蓄光性材料は、夜光塗料用に広く使用されていましたが、太陽の光に当たりすぎると性能が落ち、輝かなくなってしまうため、屋外での使用ができませんでした。N夜光は「アルミナ」という素材を主成分にしていて耐光性に優れ、また、特殊な処理を施すことにより、直射日光にさらされる屋外使用も可能です。

N夜光は、耐光性に優れているので、昼間は日の当たる屋外の避難誘導表示などにも使用されています。

高輝度蓄光式ルミノーバテープ。階段などに貼れば、電力を使用せず安全に避難誘導できます。

スゴイ！4 応用性が高くさまざまな場所で使える

N夜光は塗料に混ぜて、夜光塗料として使うだけでなく、プラスティックなどの樹脂に混ぜたり、繊維に練り込んだりして使うこともできます。そのため、応用性が高く、自動車用トランクの脱出用レバーやアクセサリー、雑貨、ノベルティーなど、さまざまな用途に使われています。

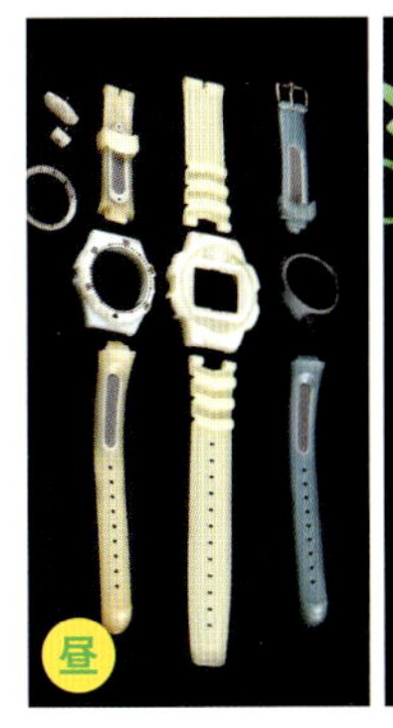

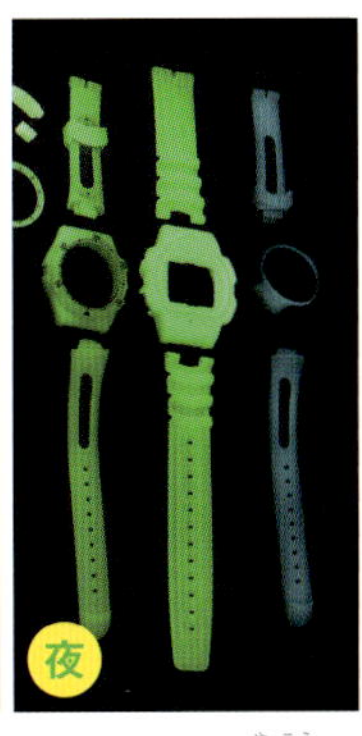

バンド・ケースなどの時計部品にN夜光を使用すると、時計全体が光ります。

開発メモ

蛍光灯の残光が開発のヒントに

N夜光の着想のきっかけになったのは「蛍光灯」。消した後にわずかに残る光に着目し、3年間で約3,000通りの実験を行って、「ユーロピウム」というレアアース（希少土）が発光の強さに、「ジスプロシウム」というレアアースが発光時間に関係することをつきとめ、高い性能を持つN夜光の配合にたどりつきました。

N夜光のできるまで

長く明るく光るN夜光のできるまで

アルミナや炭酸ストロンチウム、レアアースを混ぜて、高熱で焼きます。その後、粉砕してから、後処理、乾燥を行います。

1 材料を混ぜて撹拌する

原料となるアルミナ、炭酸ストロンチウムなどを混ぜて、十分に撹拌します。

2 電気炉で焼成する

さまざまな原料を混ぜ合わせた後、電気炉に入れて、高温で焼きます。

3 材料を砕いて粉末にする

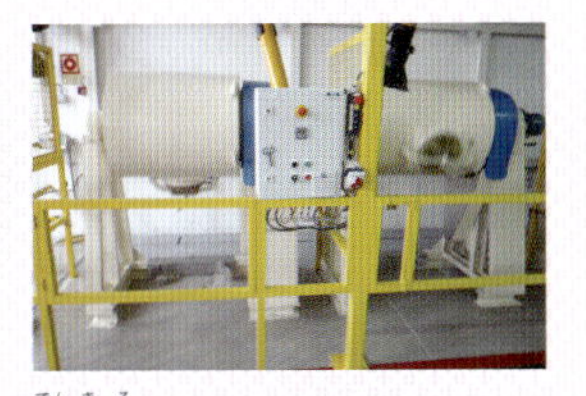
電気炉で焼成した材料をローラーではさんで、細かく砕き、粉末状のペレットにします。

安全、安心の分野でお役に立てられるよう これからも蓄光材料の明るさを追求していきたい

株式会社ネモト・ルミマテリアル 常務取締役 青木康充さん

1979（昭和54）年入社。N夜光の開発時は、根本特殊化学株式会社の技術開発部で主任研究員を務めていた。

Q1 製品を開発しようとしたきっかけは？

かつて、お客様の時計メーカーが、当社主力商品である自発光塗料（微量の放射性物質を含む夜光塗料）を使用した時計文字盤を自然環境面から今後数年で全廃するとの新聞記事が掲載されたことがありました。このことで、事業存続の危機となったために開発を始めました。

Q2 開発で苦労したことや工夫したことは？

材料の組み合わせ比率、最適な焼成条件、付加するレアアースの選定などに時間がかかりました。特に焼成条件については、少しずつ熱を加えたり、冷ましたりする徐熱徐冷で実験を行いましたが思ったような結果が得られませんでした。ある時、徐冷を行う時間がなく、急冷を行ったサンプルが飛躍的に明るくなることを偶然発見し、一気に開発が進みました。

根本特殊化学の本社にあるショールームには蓄光材料を使用した商品が並んでいます。

現在、青木さんが所属しているネモト・ルミマテリアルではディスプレイ用などの特殊蛍光体も製造しています。

Q3 開発当時、海外の市場は意識しましたか？

開発のきっかけが時計事業の存続だったので、特に海外の市場を意識することはありませんでした。ちなみに、日本と海外で販売するものについて内容を変えていることはありませんが、時計会社に販売する商品は、それぞれの会社で特別な仕様を用意しています。

Q4 利用者からはどのような反応がありましたか？

大手時計メーカーにN夜光を持ちこんだ時は、その性能に驚いていただき、「自分のところだけで使いたい」と言われ、独占使用契約の話となったこともあります。

Q5 今後の目標を聞かせてください。

蓄光材料の魅力は何といっても、その明るさにあります。これからも、これまで以上に、もっと明るい蓄光材料の開発や商品開発に力を入れて、事故の防止や防災など、安全、安心を求められる分野で少しでもお役に立てることを願っております。

世界に飛び立つ「長く明るく光るN夜光」

N夜光の開発で輸出量が急増した

根本特殊化学は1970年代から製品の輸出を始めました。その後、欧米市場を見据えて、1991（平成3）年にポルトガル工場を建設します。一方でこの頃、放射性物質を用いた製品の取引が減少し、会社は危機に直面しますが、1993（平成5）年にN夜光を開発した後は、さらに輸出量が拡大します。現在はポルトガルの他に、中国、スイスにも工場があります。

「長く明るく光るN夜光」の主な輸出先

日本と海外 こんなところがちがう！

最大の市場が欧米 製造拠点は海外がメイン

蓄光材料の研究開発や量産試作は日本国内で行われていますが、製造拠点はポルトガルなど、海外がメインです。この理由は、①蓄光材料の最大販売先がヨーロッパやアメリカであること、②原材料の主要生産地が中国であること、③日本よりもポルトガルの方が、人件費が安いこと、④欧米市場に出荷する際に輸送費が安く済むことなどがあります。

びっくり！ THE WORLD

ビルやトンネルの安全性を高める

2001（平成13）年の同時多発テロをきっかけに、ニューヨークでは75フィート（約23m）以上のビルにN夜光を使った非常口サインが義務づけられました。また、スイスやドイツではトンネルの出口表示にN夜光が使われています。

工事現場などで、夜間や停電時に注意が必要な場所を分かるようにする、光るルミノーバチェーン。

世界シェア50%以上！

静岡県浜松市　テイボー株式会社

毛細管現象を利用してインクを誘導する

マーキングペンのペン先

テイボーは、明治時代にフェルト帽子の製造を行う帝国製帽として創業し、フェルト加工の技術を活かしてペン先事業に進出。世界各国の筆記具メーカーからの要望に応えるペン先を開発し、高い評価を得ています。

どんな製品？

繊細な書き心地を高い技術で実現

描く、線を引く、印をつけるなど、さまざまな使い方ができるマーキングペン。テイボーは、このマーキングペンの最も重要な部分といえるペン先の研究や開発で多くの技術を蓄積しています。そして、徹底した品質管理と安定した量産体制のもと、国内外の筆記具メーカーに製品を供給し、世界シェア50%以上を獲得しています。

会社データ

創業　1896（明治29）年　資本金　5,000万円　従業員　480名

事業内容　マーキングペン先（フェルト、合成繊維、プラスチック）等の製造・販売

所在地　静岡県浜松市中区向宿一丁目2番1号

なぜ？　いつから？

「静岡県浜松市」で誕生したワケ

繊維業が盛んな浜松で製帽会社として創業

テイボーの前身である帝国製帽は、1896（明治29）年に高品質の国産帽子を製造することを目的として静岡県の浜松で創業しました。当時の浜松は繊維業がとても盛んな地域で、関東と関西の中間に位置する東海道の重要な地だったことなどから創業の地に選ばれました。その後フェルト加工の技術を見込まれてペン先開発の依頼があり、1957（昭和32）年にフェルト製ペン先を量産化。1960年代の半ば頃から、徐々に帽子からペン先へと主要事業を転換していきました。

浜名湖
日本で10番目の面積を持つ湖。海水と淡水が混ざった汽水湖で、魚などの生物が豊富に生息しています。ウナギやノリ、スッポンなどの養殖も盛んで、特にウナギは「浜名湖といえばウナギ」といわれるほど全国的に有名です。

繊維産業
浜松地域は江戸時代から綿花の産地として知られ、浜松藩主の井上正春が綿織物を推奨したことから盛んになっていきました。そして、明治時代に洋式紡績が導入されると、一大産業に発展していきました。

データで見る「静岡県製造品出荷額」

静岡県の製造品出荷額　ベスト5

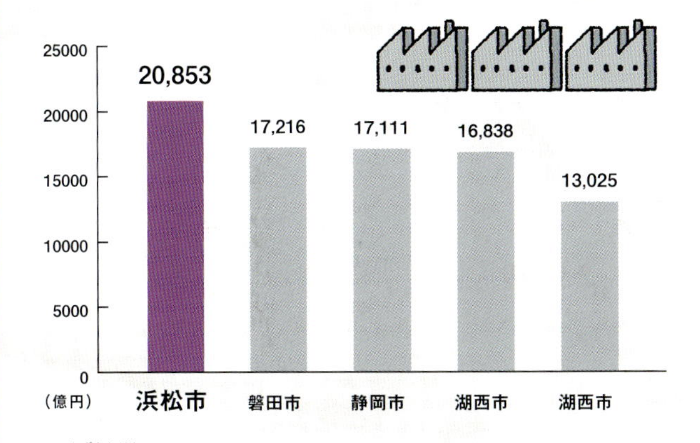

静岡県は東海道の大きな道路が東西に走り、東京や名古屋という大消費地に近いことから、大企業の工場進出が積極的に行われてきました。特に浜松市は、輸送用機械や楽器、エレクトロニクスなどの産業が盛んで、国内有数の工業地域を形成し、製造品出荷額で静岡県１位を誇ります。

出典：経済産業省「工業統計表」（平成24年）

浜松市ってこんなところ

世界的な大企業を多数輩出

浜松市を核とした地域では、数々の大企業が生まれました。明治時代に湖西市出身の豊田佐吉が自動織機を開発してトヨタの基礎を築き、太平洋戦争後に天竜市出身の本田宗一郎が浜松で本田技研工業を設立しました。この2社は後に本社を移しますが、スズキ、ヤマハ、カワイ、浜松ホトニクスなどは、現在も浜松に本社を置いています。

豊田佐吉が開発して特許を得た豊田式木製人力織機。

マーキングペンのペン先のココがスゴイ！

毛細管現象を利用した仕組みや最適な形に削る研磨技術などにより、高品質のペン先が作られています。

スゴイ！1 毛細管現象をコントロール

ペン先から適切な量のインクを出すために使われているのが「毛細管現象」です。この毛細管現象とは、繊維と繊維の「すきま」のような細い空間を、上下左右に関係なく液体が浸透していく現象で、テイボーはこの現象をコントロールすることで、高品質のペン先を製造しています。

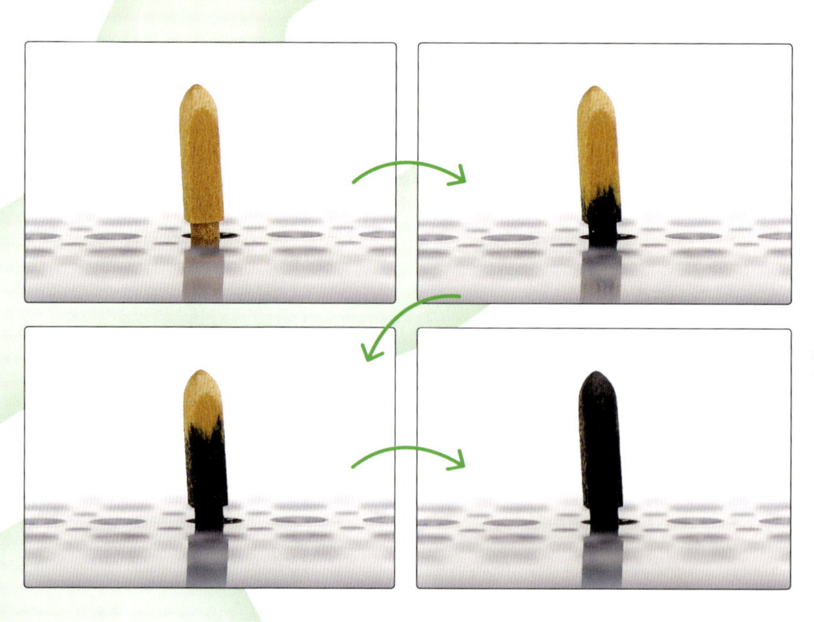

毛細管現象によってインクを吸い上げ、ペンの先にインクが染み込んでいく様子。

スゴイ！2 依頼に合わせた形に成形して加工

世界各国の筆記具メーカーからはさまざまなペンが発売されています。そのため、一口にペン先といっても多種多様な材質、形があります。テイボーは、それらのペン先を高い技術で成形、加工して、メーカーが求めるペン先を確実に作り上げています。

ペン先の開発では、形はもとより原材料の開発から行うこともあります。

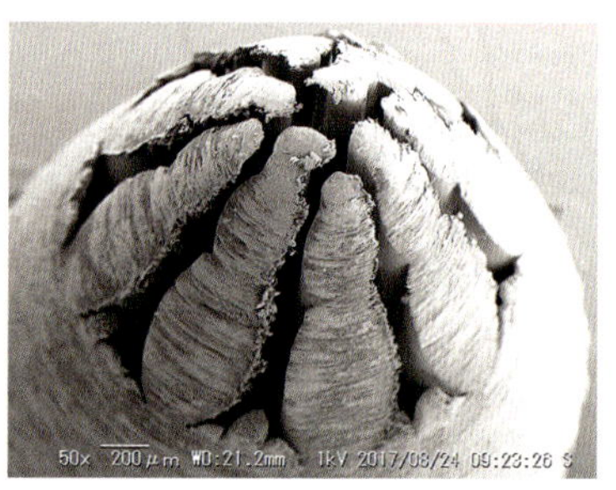

プラスチックペン先では、プラスチックを押し出して成形し、内部に微細に管理された通路を残す技術が使われています。

羊毛フェルト特有のソフトな質感を生かした、最もポピュラーなタイプの芯。

スゴイ！3 販売されていない生産設備を自社で開発

ペン先を生産するためには、さまざまな機械が必要になりますが、それらの機械は市販されていません。そのため、テイボーではペン先を製造するための機械を自社で設計、製作。オリジナルの機械で、いろいろなタイプのペン先を製造しています。

スゴイ！4

さまざまな試験や検査で高い品質を維持

筆記試験機で、ペン先が実際にどのくらいインキを消費するのか、どのくらい長く書けるのか、途中でペン先がすり減ってしまわないのかなどの検査を行ったり、電子顕微鏡でペン先の表面や内部の状態を大きく拡大して観察したりすることで、品質の維持や改良・開発に役立てています。

筆記試験機。実際のペン先を装着して、インクの消費量や耐久性などをチェックします。

開発の歴史

帽子をやめてペン先に集中

明治時代に普及したフェルト帽の国産化を目的として創業し、高品質の帽子を製造し続けていたテイボーですが、戦後、徐々に若者の帽子離れが進んだこともあり、1983（昭和58）年に帽子部門から撤退。ペン先部門に集中しました。

テイボーが製造したフェルト帽は、数々の博覧会で賞を受賞し、宮内庁御用達にもなりました。

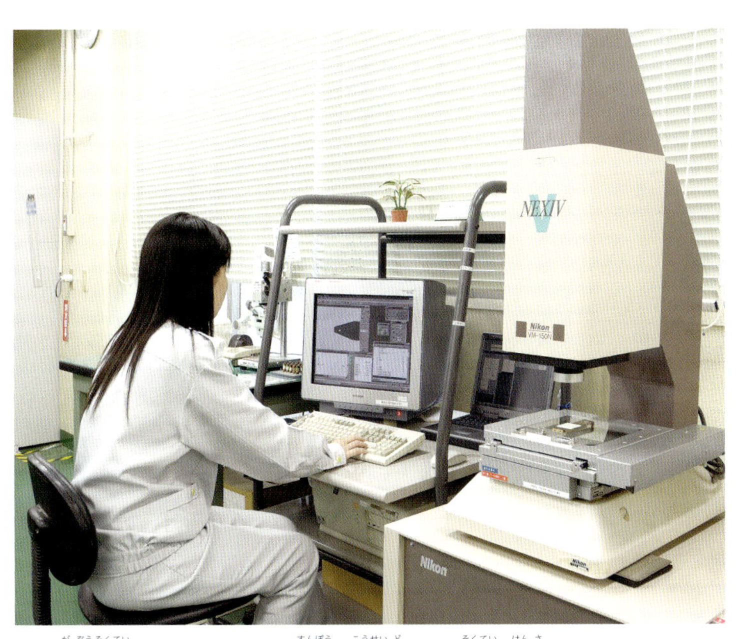

CNC画像測定システム。ペン先の寸法を高精度に自動測定・検査して、ペン先が要望通りにできているかを確認します。

ペン先のできるまで

糸を成形して研磨を行う

糸に熱を加えて成形し、樹脂を含ませて乾燥させたものをカットして、研磨を行ってから検査をして、出荷します。

1 糸を成形してカットする

糸を熱成形し、樹脂を含ませて乾燥させた後にカットします。

2 注文通りの形に研磨する

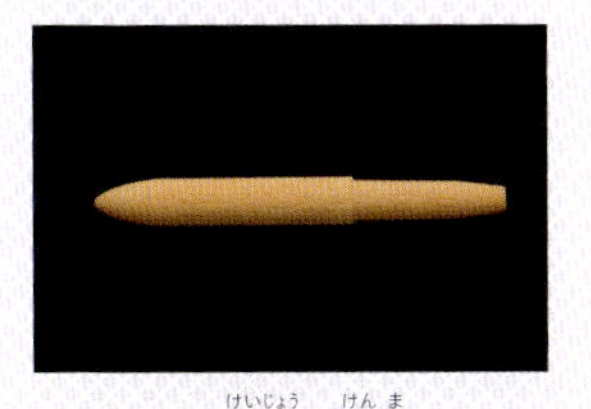

注文通りの形状に研磨した後、研磨した時に出る粉を取ります。

3 検査を行って出荷する

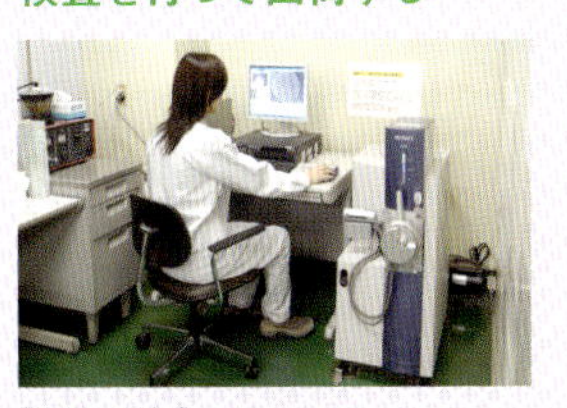

目視で検査を行った後、さらに検査を重ねて出荷します。

世界中の人が知る製品の開発に これからも、たずさわっていきたい

技術開発部素材開発課副主任研究員 浅井悠斗さん

2009（平成21）年入社。ペン先の開発時は、技術開発部素材課で成形を担当。

Q1 製品を開発したきっかけは？

お客様から、世界中に売るペンを開発したいので、そのペンに使用する芯を開発してほしいとの要望をいただいたのが、そもそもの開発のきっかけです。それから約１年かけてペン先の開発を行いました。

Q2 開発にあたって苦労したことや工夫したことは？

コストを抑えつつ高い要求をクリアしていくために基礎試験や試作を重ねて、経験したことのない課題もひとつずつ解決してきました。最も苦労した課題のひとつが、成分分析だけでは原因が特定できなかったことです。そこで筆記試験調査をして原因を特定し、その原因物質の添加物をどこまで減らしても生産性に問題ないか確かめました。その結果、ごくわずかな量の添加物が原因であることがわかり、課題は解決しました。また、実際にお客様のもとへ足を運び、試作品を見せて、評価結果の説明を行い、お客様と同じ認識のもとで開発を進めました。

浅井さんのポリシーは「お客様があっての製品であることを忘れない」。

Q3 開発中、海外の市場は意識しましたか？

世界各国共通で求められる、芯の先端の耐久性を意識して製品の開発に取り組みました。

素材開発課のある都田技術センターは1993（平成５）年に完成しました。

Q4 製品が完成した際、取引先からはどのような反応がありましたか？

「自信を持って世界中に売れるペンができた、ありがとう」と感謝の言葉を頂き、日本では公開されていない、現地のプロモーションムービーを紹介頂きました。

Q5 今後の目標を聞かせてください。

テイボーは、フェルト帽の生産に始まり、作るものは変化していますが、繊維を使用した製品を生産しています。これからも、国柄や人種に関係なく、誰にでも馴染み、世界中の人が知る製品の開発にたずさわっていきたいです。

テイボーは、1964（昭和39）年に開かれた東京オリンピックで日本選手団のかぶる帽子を製作しました。

製品の70％以上を世界各国に輸出

テイボーは、設立4年目にあたる1900（明治33）年から輸出を行うなど、創業当初から輸出に積極的でした。この精神は、製品がペン先に変わった現在も受け継がれています。そして現在は製品の70％以上を世界50カ国以上に輸出し、その規模を拡大しています。また、販売代理店を介さず、世界各国の取引先と直接取引を行っているのもテイボーの輸出の特徴です。

「マーキングペンのペン先」の主な輸出先

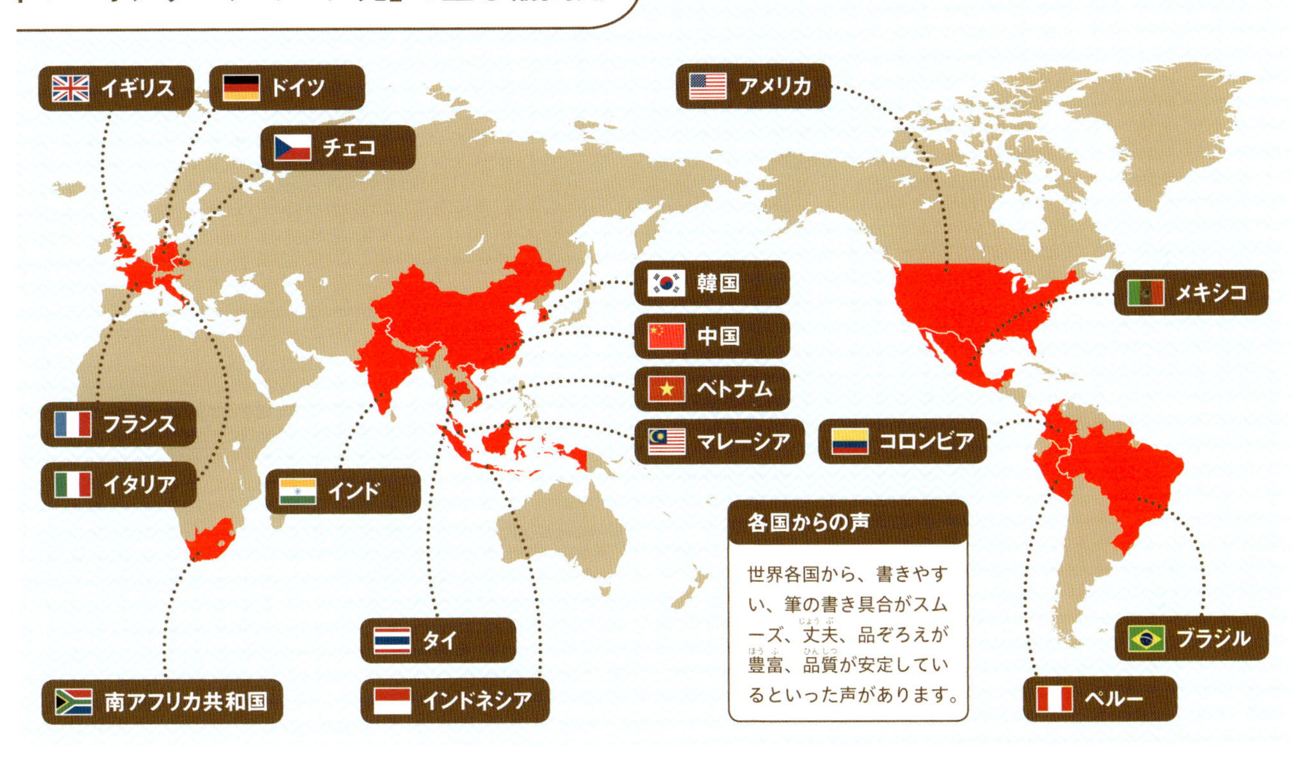

各国からの声

世界各国から、書きやすい、筆の書き具合がスムーズ、丈夫、品ぞろえが豊富、品質が安定しているといった声があります。

日本と海外 こんなところがちがう！

ペン先だけでなく、世界のコスメ用品、芳香剤も変える！

世界各国の筆記具メーカーからの依頼を受けて、それぞれのメーカーからの注文に合わせたペン先を製造しているテイボーでは、書く技術、揮散（蒸発して広がること）する技術、吸収する技術などのさまざまな加工技術を活かして、タッチペンやMIM（金属射出成形）、アイライナーなどのコスメ、芳香剤など多方面に積極的に進出しています。

びっくり！ THE WORLD

時代とともに進化してきた筆記用具

約8000年前のメソポタミアでは、先がとがった棒のようなもので瓦に文字を書いていました。今では、書いた文字を消すことが出来る「フリクションペン」や、空中に立体を描くことができるペンなど、進化したペンも誕生しています。

ルーブル博物館に所蔵されている、葦という植物で作られたエジプトのペン。

世界シェア50%！

特殊なアルコールを使って、「枯れない花」が誕生

プリザーブドフラワー

「プリザーブド（preserved）」とは「保存された」という意味。その魅力はなんといっても美しく瑞々しい姿を何年も楽しめること。贈り物やウエディングブーケなどにも最適です。大地農園では独自の技術で花の美しさを保ちます。

どんな製品？

水分と柔軟剤色素を置き換えて生花の状態を長期間持続

プリザーブドフラワーは、花を最も美しい状態のまま、瑞々しく見せるために加工したものです。花の水分を特殊な柔軟剤に置き換えて乾燥などによる劣化を防ぎ、また花の色素は短時間で退色するため、まずいったん真っ白に脱色し、そのうえで自然な染料で染色します。葉物や枝なども同様に加工し、製品化しています。

会社データ

創業 1955（昭和30）年　**資本金** 5000万円　**従業員** 195名
事業内容 プリザーブドフラワーなどの自然素材の製造販売、輸入・加工
所在地 兵庫県丹波市山南町工業団地内

「兵庫県丹波市」で誕生したワケ

豊富に自生するヤマシダで花材を作る事業を開始

兵庫県丹波市山南町はもともと、創業者の出身地。創業者は戦前に大阪で生花店を営んでいましたが、戦争で財産を失って故郷へ戻ってきました。そこでふんだんに自生しているヤマシダという植物を、生け花の材料（花材）として加工する事業を開始。水に恵まれ耕作地も多い丹波市は自家栽培にも適していたことから、ここを拠点に事業を発展させていきます。また隣接する西脇市は繊維産業が盛んで、花材を脱色・染色する技術を導入するうえでも役立った経緯があります。

谷中中央分水界
豊かな水源に恵まれ、さまざまな農業を育んできた丹波市。その象徴が瀬戸内海と日本海へと分岐する谷中中央分水界（水源の分かれ目）です。ここの北側に降った雨水は日本海、南側へ降った雨水は瀬戸内海を目指して下っていきます。丹波市には分水界を解説する「水分れ資料館」（写真）もあります。

丹波大納言小豆
京都府の亀岡市から兵庫県福知山市にかけての丹波地方一帯は土壌と気候に恵まれ、上質なアズキの産地として古くから知られ、丹波市の名産品「丹波大納言小豆」は、色艶がよくて粒が大きく、独特の香りが愛されています。

データで見る「兵庫県経営耕地面積」

兵庫県の経営耕地面積 ベスト5

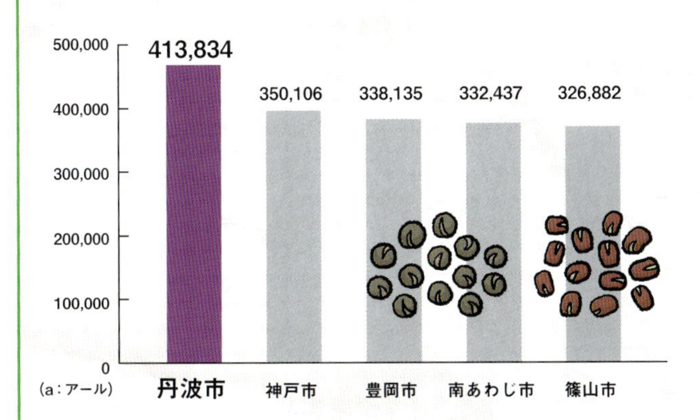

農業が盛んな兵庫県丹波市は、耕地面積が兵庫県でトップ。特に丹波黒大豆、丹波大納言小豆が特産品として有名です。それだけにアズキの農家経営体（一定規模以上の農業事業者）数は、全国１位。花き（観賞用の花）の生産も同じく35位と活発です。

出典：農林水産省「大海区都道府県振興局別魚種別漁獲量（平成26年）」

丹波市ってこんなところ

最も低い谷中中央分水界 豊かな水に恵まれる

兵庫県の中東部で京都府と接する丹波市は、険しい山々に囲まれた山間地です。市内には瀬戸内海に注ぐ加古川の源流、また日本海に注ぐ由良川の支流があり、日本で最も標高の低い谷中中央分水界（丹波市氷上町石生の標高95m）があることでも知られます。豊かな水源に恵まれて農業が発達し、「丹波栗」「丹波大納言小豆」「丹波米」などのブランドも人気となりました。

丹波の栗は献上物として京の都に運ばれるほど好まれ、江戸時代には年貢の代わりにもなりました。

「プリザーブドフラワー」のココがスゴイ！

花の種類に応じたきめ細かな加工で、バラエティ豊かな製品を安定供給しています。

スゴイ！1 バラ以外にも種類は豊富 草木類まで幅広く製品化

(上)ラベンダー、ユリなど、豊富な種類の花が商品化されています。(下)草木を部分的に染色するなど高度な技術も確立しています。

バラで作られることが多かったプリザーブドフラワーですが、大地農園はほかにもカーネーション、キク、アジサイなどを、それぞれの特性に合った製法でプリザーブド化する技術を確立しています。またフラワーアレンジメント用の草木類もプリザーブドグリーンとして生産しています。

スゴイ！2 独自の染色技術を開発しよりナチュラルさを追求

プリザーブドフラワーは均一な単色で染められるのが一般的ですが、大地農園では独自の染色技術を確立しています。そのため、花びらの先端ほど濃く染めるなど、より自然の花に近い色あいのプリザーブドフラワー作りを可能にしています。

花弁のへりを赤く染めたバラ。大地農園ならではの独自技術です。

開発者インタビュー 花作りには、生産地との信頼関係が大切

代表取締役 大地伹さん

1972(昭和47)年入社。2003(平成15)年に日本初の自社開発プリザーブド・ローズの販売を開始。現在は代表取締役。

Q1 プリザーブドフラワーはどのような工程で作るのですか？

生花の水分を柔軟剤に置き換える、真っ白に脱色する、任意の色に染色する、というのが加工の主な柱。このプロセスのために、6つほどの工程を経て作ります。いずれも基本的にはアルコールなどの薬剤に花を漬けおく形で処理され、全てを終えるのに1週間ほどかかります。

プリザーブド加工を行う施設の一部。

Q2 生花の調達のため世界中を飛び回っているそうですね。

花も農産物ですから、今日の明日で必要な量が確保できることはありません。それなりの量をコンスタントに作り続けるには、生産地との安定した関係が不可欠です。現在はケニア、エクアドル、コロンビアの標高2000～3000mに位置する農園と契約しており、視察や交渉で年に1～2回は現地を訪れています

大地農園では、複数の花を組み合わせたフラワーアレンジメントも行っています。

アジアを中心に人気を集める欧米にも積極的に展開中

安定した生花の供給元の確保、多様な品種に対応する独自の加工技術などを通じて、世界各国で支持を獲得している大地農園のプリザーブドフラワー。特に多い出荷先は、中国、韓国、台湾のアジア圏です。アメリカで常設展示場を開設し、ヨーロッパの展示会にも出展したため、多くの国への出荷が始まっています。

「プリザーブドフラワー」の主な輸出先

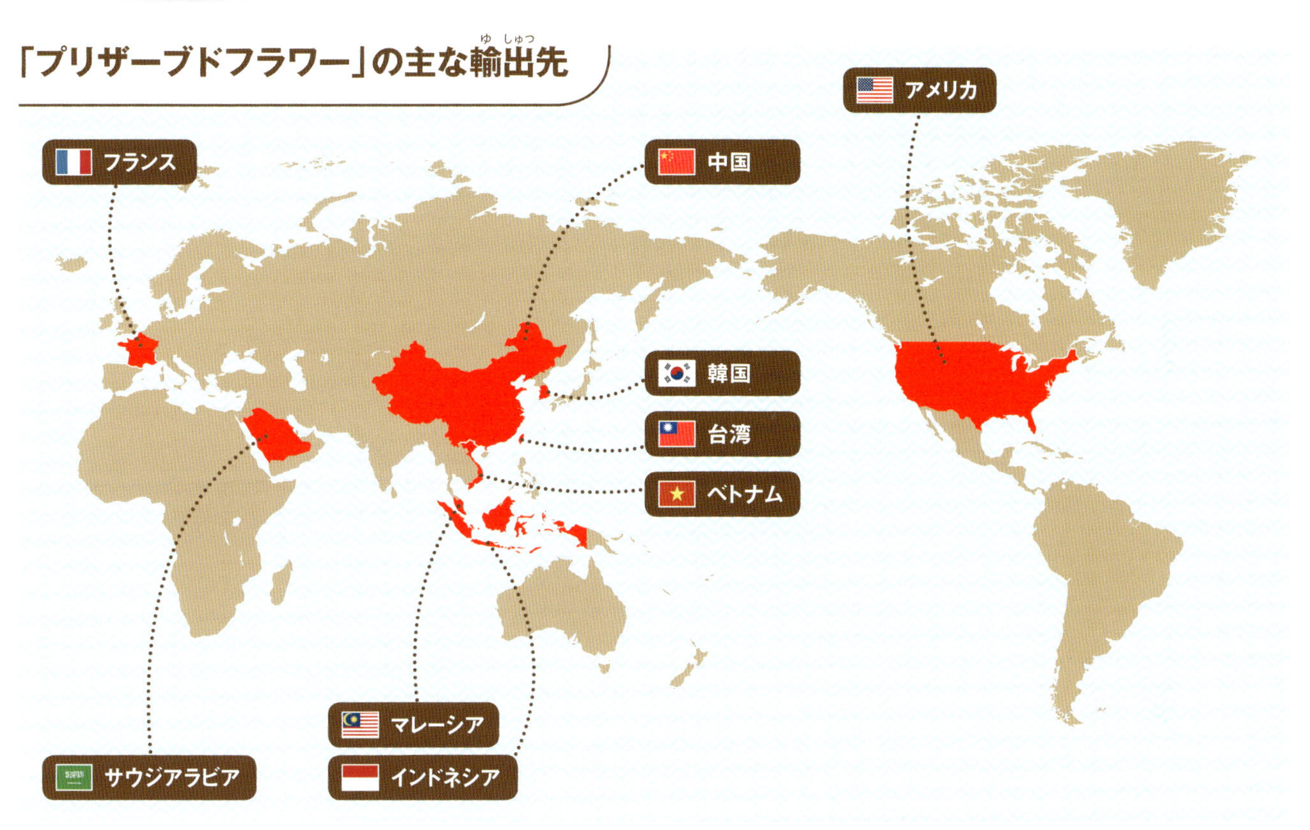

日本と海外こんなところがちがう！

国によって分かれる好み中東では緑の葉物が人気

どんな種類のプリザーブドフラワーが好まれるかは、国によってさまざまです。もともと天然の緑が少ない中東、また建物の外壁に緑をあしらったエクステリアが人気のヨーロッパでは、青々とした葉物が人気。また韓国ではドライフラワーと組み合わせたやわらかなアレンジが好まれますが、中国ではバラを主体にした豪華な製品が人気です。

びっくり！THE WORLD

押し花に始まる多様な花の保存法

花の美しさをとどめようとする試みは、押し花やドライフラワー、またケイ酸アルミニウムで脱水するなど、さまざまな手法が開発されてきました。現在ポピュラーなアルコールを使った手法はフランスから1990年代に広まりました。

写真の左からアルコールで、染色、漂白、脱水をしている様子。

世界中のドームを覆う！

大阪府大阪市　太陽工業株式会社

デザイン性が高く、耐震性や透光性に優れた建築物

巨大な膜構造建築物

膜構造建築物とは、巨大なテント状の膜を構造に取り入れた建築のこと。骨組みに沿って張る、ドーム球場のように内部からの空気圧で支える、などの建築方法があります。

様々なテント生地

巨大な膜構造建築物

どんな製品？

代表作は東京ドームの屋根　軽く柔らかく揺れに強い

テントとそれを支える構造物で屋根などを構成する建築物が膜構造建築物。柔軟性があるため耐震性が高い、軽いため建築工事の自由度が高い、光を通すなどがメリットです。代表例は東京ドーム。東京ドームは内部の空気圧でテントの屋根を膨らませていますが、大型ドームにはほかにも格子状の構造物で支えるものなど、さまざまなタイプがあります。

会社データ

創業　1922（大正11）年　資本金　25億7059万円　従業員　1610名（連結）
事業内容　膜面技術を応用した構造物・設備資材の企画・設計・製造・施工・販売
所在地　大阪市淀川区木川東4-8-4

「大阪府大阪市」で誕生したワケ

繊維産業が盛んな大阪は老舗メーカーも多数

戦前から繊維産業が盛んだった大阪は、丈夫な布を扱うテントの分野でも老舗メーカーが活躍していました。そうしたメーカーで修行した創業者が1922（大正11）年、大阪市で能村テント商会を起業。民間向けのテントを中心に事業を始めたのが、太陽工業のルーツです。太平洋戦争中は、企業が整理されて一旦は廃業しますが、1946（昭和21）年に事業を再建。1970（昭和45）年、大阪万博で膜構造建築物を披露しました。

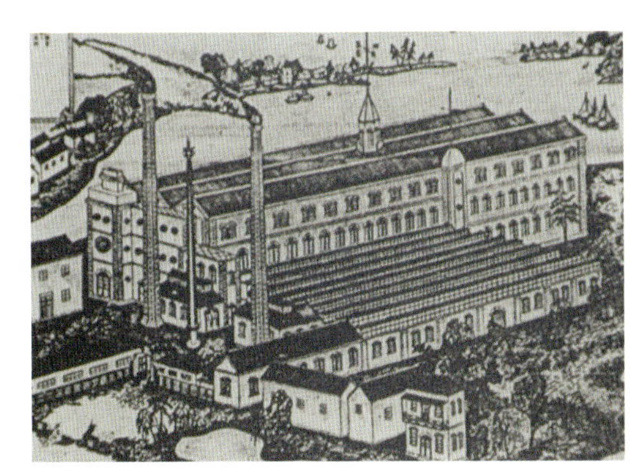

工業都市としての発展

大阪では、明治の初めの頃の官営工場の設立や払い下げがきっかけとなり、資本（お金）、労働力、工業用水などが得やすく、大きな消費地も周辺にあるといった利点を生かし近代工場が増えだしました。その後、1882（明治15）年に作られた大規模な紡績会社の成功を機に、大阪は新商工業地帯として発展していきました。

東洋のマンチェスター

室町時代から綿花の栽培で栄えた大阪。明治に入って大規模な紡績工場が登場、大正時代には当時の世界で最も知られた綿工業の生産地になぞらえて「東洋のマンチェスター」とも呼ばれました。現在も繊維原料、糸、織物などで高い国内シェアを誇ります。

データで見る「繊維卸売業」

国内シェア1位の大阪府の部門別繊維卸売業

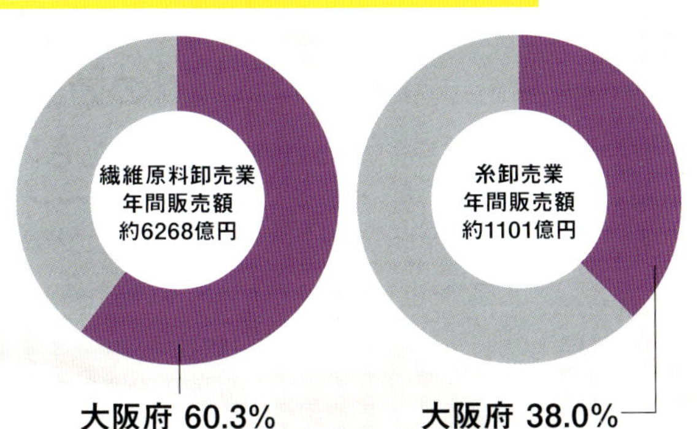

高度成長期から1990年代の初めまで、大阪市の繊維産業はとても盛んでしたが、やがて中国など海外との競争が激しくなり規模が縮小。しかしファッション・衣料以外の建築用シート、医療分野など新たな市場を次々に開拓し、国内では高いシェアを保っています。

経済産業省「平成24年経済センサス-活動調査」

大阪市ってこんなところ

江戸時代の「天下の台所」商いを中心に多様化進む

大阪は江戸時代には諸大名の蔵屋敷が集まって各地の米や特産物の取引が行われ、天下の台所と呼ばれました。近代以後も西日本経済の中心地として栄え、80年代後半にはサービス業が成長しました。一方で産業構成に占める卸・小売業の比率は日本一で、「商いの都」としての顔も健在です。

江戸時代、大坂から江戸へ綿を運ぶ船は、大坂から浦賀までの約650kmの距離を、我先にと争いました。

「巨大な膜構造建築物」のココがスゴイ！

光を浴びると付着物を酸化分解させる酸化チタンの光触媒効果で、セルフクリーニングを実現します。

スゴイ！1 太陽と風雨が汚れを除去 セルフクリーニングを実現

膜構造建築物は表面の汚れが難点。これに対する太陽工業の答えが、5年の研究期間を経て1999（平成11）年に発売した光触媒テントです。光を浴びると付着物を電気的に酸化する酸化チタンの光触媒効果を利用し、膜面に付着した汚れを分解・風雨で自然に洗い流す仕組みを実現しました。

左が通常のテント、右が酸化チタン処理を行った光触媒テント。実験の結果、風雨による汚れの違いがはっきりと表れています。

スゴイ！2 不可能に挑む技術者集団 多様な分野の建築を設計

膜自体の開発だけでなく、膜構造建築物の企画、設計、製造、施工まで一貫対応できる点も太陽工業の強み。膜の性質を知り尽くした技術者集団が、不可能とされる建築物の実現にチャレンジし続けています。その技術はスタジアムから駅などの交通施設、商業施設まで各分野で発揮されています。

南アフリカワールドカップ・ダーバンスタジアムの建築風景。アーチ型の巨大フレームから吊り下げられる構造に。

開発者インタビュー

環境への配慮を忘れず、社会のニーズに応えていきたい

太陽工業技術研究所所長　**松本秀成さん**

1990（平成２）年入社。海外勤務を通じて、難易度の高い物件の設計を多数担当し、現在は技術研究所所長。

Q1 膜構造建築物の開発で特に苦労した点は何でしょうか。

美観への意識が高い日本では特に、汚れにくい膜素材の開発が大きなテーマでした。酸化チタンによるセルフクリーニングを実現するには、柔らかい素材へのコーティングや、膜素材が光触媒効果を受けないようにするなど、無数の課題をクリアしなくていけません。素材配分を何千通りも試すなどの試行錯誤を経て、ようやく実現しました。

東京駅のグランルーフ。セリフクリーニングの実現により、明るい空間を実現します。

Q2 酸化チタン光触媒膜材の効果と今後の展望を聞かせてください。

光触媒膜材は汚れが落ちるセルフクリーニング効果だけでなく、大気浄化、室内温度環境の改善や膜材料の耐久性の向上などの効果をもたらしました。今後は環境への配慮をキーワードに、いっそう社会のニーズに応えていきたいと思います。

フランス・ポンピドゥーセンターーメッス。ヨーロッパ初の酸化チタン光触媒膜材を使っています。

世界中が高く評価した光触媒膜材

1967（昭和42）年にアメリカの駐在員事務所を開設したのを皮切りに、世界各地に拠点を展開してきました。特に酸化チタン光触媒膜材は空調効率の向上などで環境問題にも貢献し、その画期的な特性が全世界で高く評価されています。アジア、欧米、中東、オセアニアなど世界中の国・地域で採用されるようになりました。

「巨大な膜構造建築物」の主な輸出先

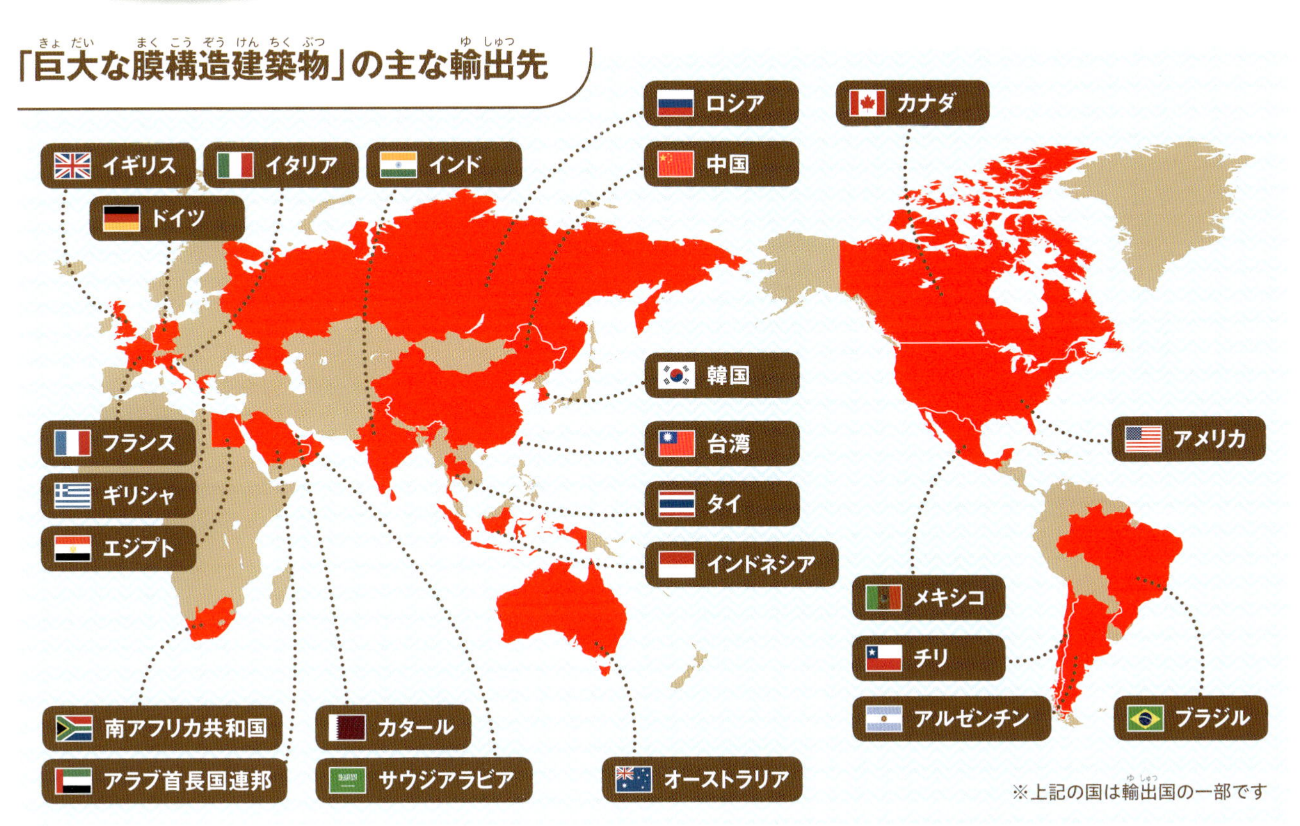

※上記の国は輸出国の一部です

日本と海外 こんなところがちがう！

お国柄もうかがえる導入例 エジプトでは発掘現場にも

日本ではスタジアムや鉄道の駅から小学校やパチンコ店まで幅広く導入されている膜構造建築物。海外ではスタジアムのほか空港、見本市会場など、特に大規模な施設を中心に数多く導入されています。またエジプトでピラミッド近くの発掘現場を強烈な日差しから守るために導入されるなど、国ごとの気候に応じた受注例も少なくありません。

びっくり！ THE WORLD

圧倒的スケールで イスラム教の聖地を覆う

導入事例として有名なのが、イスラム教の聖地メディナのモスク周辺に設けられた日よけの大型アンブレラ。幾何学的にデザインされた250基（総面積：16万 2,000㎡の大型アンブレラがモスクを囲む光景は、世界的な聖地にふさわしいものです。

メディナの大型アンブレラ。夜間は折りたたんで収納されます。

世界シェア
70%！

香川県木田郡三木町 | 日プラ株式会社

職人たちの技術が結集した水槽用大型アクリルパネル

水槽用大型アクリルパネル

多くの工程で、0.01㎜単位の正確さが求められるアクリルパネル製造。世界最高の技術が用いられた日プラの水槽用大型アクリルパネル「アクアウォール」は、世界中の水族館や動物園で使用されています。

どんな製品？

圧倒的な技術と品質で 水の中の世界を美しく映す

日プラが製造している水槽用の大型アクリルパネル「アクアウォール」は、高い技術でパネル同士を接着することで接着箇所が透明になるため、つなぎ目がまったく見えず、水中の世界を遮ることなく見せてくれます。また、巨大なパネルを製造する技術も高く、世界最大のアクリルパネルのギネス記録を更新し続けています。

会社データ

創業 1969（昭和44）年　**資本金** 8,000万円　**従業員** 約100名
事業内容 水槽用大型アクリルパネル「アクアウォール」の設計・製造・施工、導光板の製造・販売など
所在地 香川県木田郡三木町井上3800-1

なぜ？　いつから？

「香川県三木町」で誕生したワケ

創業後すぐに支柱のない水槽を製造

現在も社長を務める敷山哲洋さんが日プラを創業したのは1969（昭和44）年。敷山社長はそれまで大手化学メーカーで合成樹脂製品の開発などを行っていましたが、高松市にある屋島山上水族館（現在の新屋島水族館）で計画されていた柱のない水槽を作る時期に、仲間と一緒に会社を立ち上げました。そして、翌年に世界で初めて柱がなく360度見渡せる巨大なアクリル製の水槽を完成させると、大きな反響を呼び、国内外から視察が相次いだそうです。

讃岐うどん

「うどん県」とも呼ばれる香川県はコシの強い讃岐うどんが特産で、讃岐うどんは三木町でも作られています。香川県の人口10万人あたりの店舗数は65.97軒、1人当たりの年間うどん消費量230玉で、どちらも全国1位です。

新屋島水族館

香川県高松市にある新屋島水族館は、元々は日プラの、最初の水槽の納入先でしたが、今は日プラの子会社のせとうち夢虫博物館株式会社が運営しています。日本に6頭しか飼育されていない、珍しいアメリカマナティも見られます。

データで見る「日プラの水槽用アクリルパネル」

水槽用アクリルパネルの大きさ　ベスト3

順位	施設	幅	高さ	厚さ
1位	チャイムロング横琴海洋王国（中国）	39.6m	8.3m	厚さ65cm
2位	ザ・ドバイモール（アラブ首長国連邦）	32.88m	8.3m	厚さ75cm
3位	沖縄美ら海水族館（日本）	22.5m	8.2m	厚さ60cm

小学6年生の身長約1.5m

マッコウクジラ約16〜18m

日プラがアクリルパネルの大きさで初めてギネス認定を受けたのは、沖縄美ら海水族館の「黒潮の海」展示水槽です。その後、2008（平成20）年にアラブ首長国連邦・ドバイのザ・ドバイモール、2014（平成26）年に中国・珠海のチャイムロング横琴海洋王国と、ギネス記録を更新しています。

出典：日プラ資料

三木町ってこんなところ

希少糖研究発祥の地

香川県の東部に位置する三木町には、香川大学三木キャンパスがあり、学生街としても知られています。また、三木町は「希少糖の里」としても知られます。「夢の糖」ともいわれる希少糖の世界で最初の研究は、香川大学農学部の食堂裏の土の中からの微生物の発見から始まり、その場所に記念のモニュメントがあります。農学部では、世界にさきがけた希少糖の研究が進められています。

希少糖とは、自然界にわずかしか存在しない単糖のこと。医薬品や農薬にもなる可能性があるとして研究が進められています。

水槽用大型アクリルパネルのココがスゴイ！

職人たちの「手」によって生み出される精密なアクリルパネルは、手作業で正確に作業しています。

スゴイ！1 職人たちの「手」で正確に作業をする

アクリルパネル作りでは、接着、成形、研磨、現場接着などすべての工程で正確さが求められます。この正確さを生み出しているのは、職人たちの「手」です。0.01㎜単位の作業は機械に頼ることができず、熟練した職人技が必要とされます。

仕上げの研磨作業は、どんなに大きなアクリルパネルでも必ず手作業で行われます。

スゴイ！2 観る人を感動させる見たことのない形の水槽

人と動物が心を通わせられるような水槽を作ることを理想としている日プラ。アクリル加工の技術と水の中に住む動物たちの生態を考えて、チューブトンネルやドーナツ型水槽、カラーパネルを使用したクラゲ水槽など、エンターテインメント性にも富んだ水槽を次々に生み出しています。

（左上）北海道の登別マリンパークニクスにあるリングプール。
（左）横浜の八景島シーパラダイスにあるチューブトンネル。

開発メモ

輸出にかかる関税を10分の１以下に

1994（平成６）年にアメリカに大型アクリルパネルを輸出する時に問題になったのが「関税」。材料として輸出すると36%の税金がかかり、その分値段は高くなります。そこでアメリカ側からの「材料ではなく日プラの商品として申請してみては」との提案があり、水槽の壁「アクアウォール」という商品として輸出することで関税を2.7%にすることに成功しました。

開発の歴史

1㎜も狂わない正確な厚みで美しく接着する

大型のアクリルパネルは、材料となるアクリルパネルを液体にしたアクリルで接着して製造しています。パネル同士を接着する際の接着層は3㎜です。

接着層は、真横から見てもほとんど分かりません。

正確な強度確認を行った後にアクリルパネルを製造。細かな検査を経て、ようやく設置となります。

スゴイ！3 独自の数式を使ってパネルの強度をチェック

1970（昭和45）年に世界初のアクリル水槽を開発した時は、小型の模型を作って強度をチェックしたそうです。現在は、独自の数式を用いて強度をチェックします。日プラのパネルがこれまで一度も事故を起こしていないのは、正確な強度確認によるものです。

全工程をこなせるアクリルのプロが現地に行き、設置を行います。

誰がどのパネルを担当するかは、現場の職人たちが自ら決めているそうです。

スゴイ！4 それぞれの職人が全工程をこなす

日プラでは、どの工程も別の会社に依頼せず、自社の職人が作業を行っています。作業現場には、製造、荷積み、加工、取り付けなど、すべての工程をこなすマルチプレーヤーの職人がそろい、全員横並びの組織で、一人ひとり力を合わせて作業を進めます。

水槽用大型アクリルパネルのできるまで

原材料のパネルを精密に接着していく

原材料となる厚さ3～4㎝のアクリルパネルを独自の技術と方法で接着して、透明で厚みのあるパネルに仕上げていきます。

パネルの厚さを整える

材料のパネルを研磨して、パネルの表面にある微妙な凹凸を削り、厚さを均一に整えます。

パネルを接着

厚さを整えた複数のパネルを3㎜のすき間を持たせて固定し、液体の樹脂で接着します。

パネルを熱処理し、専用の機械で表面を磨く

パネルの接着後、「アニール」と呼ばれる熱処理を行い、専用の機械でパネルの表面を磨きます。

手作業で仕上げの研磨を行う

機械で研磨ができない細かい部分などを含めて、手作業で仕上げの研磨を行います。

開発者インタビュー

開発では「ひらめき」を大切にしています 今後も品質にこだわった製品を作り続けたい

代表取締役　**敷山哲洋さん**

1969（昭和44）年に日プラ化工株式会社を香川県高松市に設立。1996（平成８）年に、現在の社名に変更。

Q1 なぜ水槽用大型アクリルパネルの開発を始めたのですか？

香川県高松市の屋島山上水族館の館長から「柱のない水槽を作りたい」と依頼されたのがきっかけです。当時は、柱で区切られた水槽が一般的でしたが、アクリルパネルを使用して、柱のない回遊水槽を完成させました。

Q2 開発にはどれくらいの時間がかかりましたか？

「開発期間」という感覚があまりなく、いつも「ひらめき」を形にしていくという作業をしていますね。ただ、屋島山上水族館の時は世界で初めてのことですから、10分の１の模型に、海水の10倍近い比重の水銀を入れて試験をしたりと、強度のチェックには特に気を配りました。

Q3 海外の市場を意識した理由は？

アクリル製の水槽を完成させてから、大手アクリルメーカーの市場参入が相次ぎました。我々は品質には絶対の自信を持っていましたが、地方の小さな会社ですので、信用面でいつも大手に負けてしまう。そこで、海外の市場に打って出ることにしました。

Q4 特に印象にのこっている仕事は？

アメリカ・モントレーベイ水族館の増築工事ですね。入札の時に我々の製品は他社より10%ほど価格が高かったのですが、館長から「性能が良いのだから高いのは当たり前です」と言われて、採用されました。その時、いろいろな迷いがなくなって、これまで以上に品質にこだわっていこうと心に決めました。

Q5 今後の目標を聞かせてください。

６年ほど前から高速道路の音を遮るパネルをアクリルで作る研究をしています。今後は、この遮音パネルの普及に取り組んでいくとともに、これまで通り、品質にこだわったアクリルパネルや水槽等の製造や開発に力を注いでいきたいと考えています。

（左上）日プラのエントランスには、沖縄美ら海水族館に納入したパネルと同じ厚さのパネルが展示されています。
（左）日プラの工場は香川県木田郡三木町の他に、香川県さぬき市、沖縄県うるま市、兵庫県神戸市にもあります。

世界に飛び立つ「水槽用大型アクリルパネル」

高品質のアクリルパネルが評価され世界各国に輸出拡大

日プラが本格的に海外に進出したのは1984（昭和59）年。アメリカ・モントレーベイ水族館を増築する工事を行いました。その後、アメリカだけでなく、ヨーロッパ、中東、アジア・オセアニア、アフリカと、世界中に高品質のアクリルパネルを輸出。現在も輸出の規模を拡大し続けています。

「水槽用大型アクリルパネル」の主な輸出先

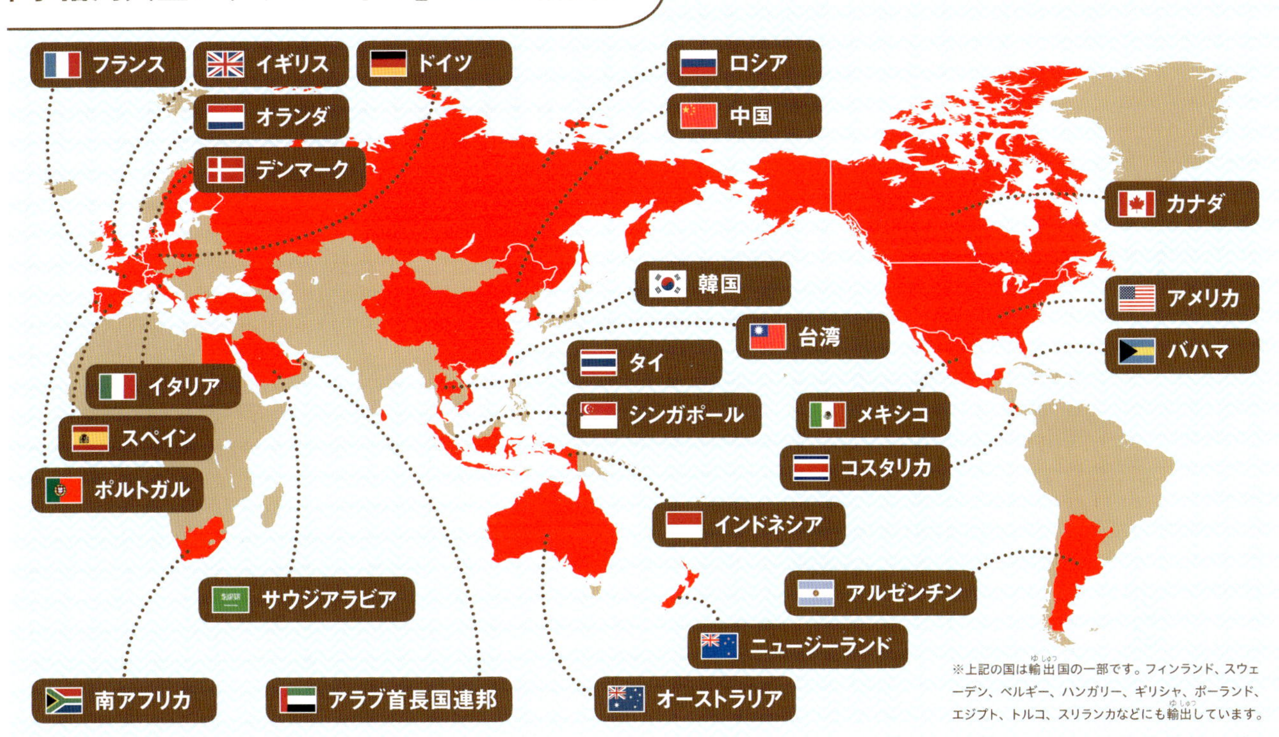

※上記の国は輸出国の一部です。フィンランド、スウェーデン、ベルギー、ハンガリー、ギリシャ、ポーランド、エジプト、トルコ、スリランカなどにも輸出しています。

日本と海外 こんなところがちがう！

超大型のアクリルパネルが世界ギネス記録に認定

日プラが2014（平成26）年に納入した中国・珠海のチャイムロング横琴海洋王国のアクリルパネルの大きさは幅39.6m×高さ8.3m×厚さ65㎝。チャイムロング横琴海洋王国は、アクリルパネルの製品寸法、アクリルパネルの開口部、直径12mのアクリルドーム、メインタンクの海水量、水族館全体の総海水量という５つのギネス記録認定を受けました。

びっくり！ THE WORLD

有名ホテルのアート作品にも使われた

シンガポールのホテル・マリーナベイサンズにある「レイン・オキュルス」。これは日プラが製造した直径22mのアクリル製の半球型ボウルから水が流れ落ちるアート作品。日プラのアクリルパネルは世界中で装飾や照明などでも活躍しています。

ドームから流れ落ちる水の量は毎分２万2,000リットル。パネルの上下から水が流れます。

世界的な高齢化に対応！

沖縄県国頭郡金武町　株式会社佐喜眞義肢

関節の痛みをやわらげ、安心で快適な毎日を過ごせる

関節装具CBブレース

佐喜眞義肢が使用者の視点に寄り添って独自開発した「CBブレース」はひざの痛みを和らげ、自分で歩く筋力を養ってくれる関節装具です。従来品に比べ軽く、履き心地がよく、装着時の負担も減り、より安心で安全な生活を送れます。

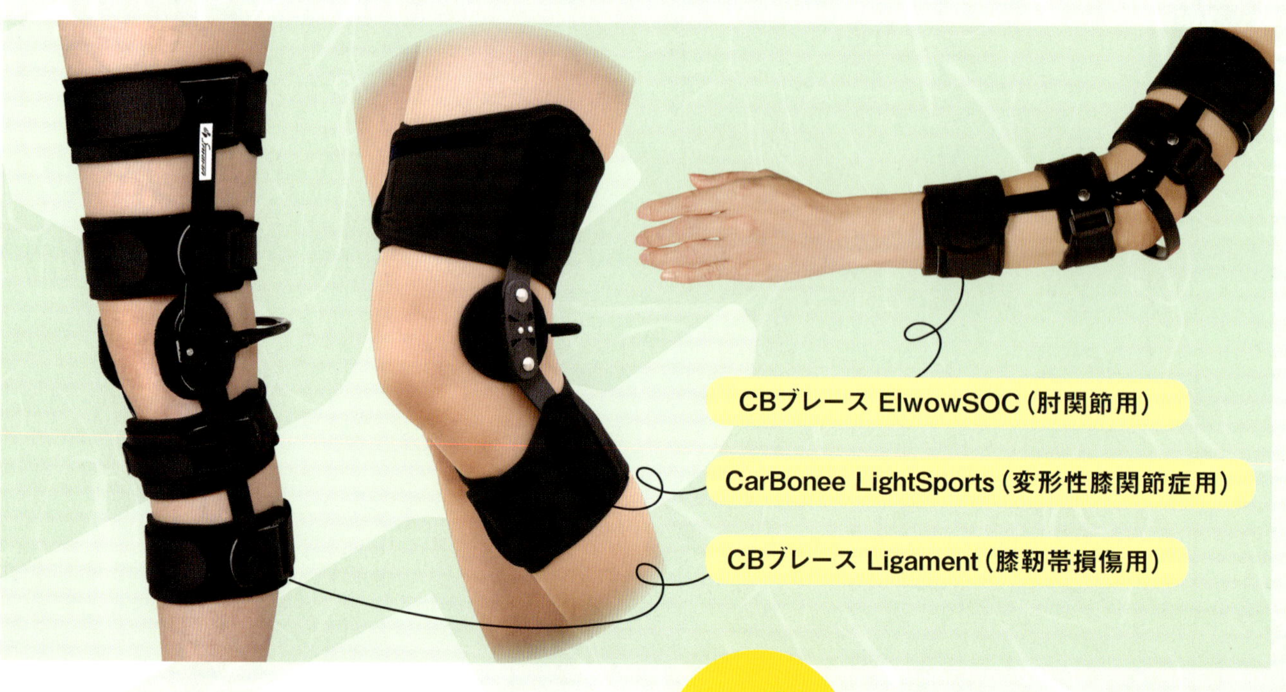

どんな製品？

患者目線で独自に開発したひざの痛みを解消する装具

関節装具のCBブレースは、ひざの痛みを和らげ、ひとりで歩くための力を取り戻す装具。変形性ひざ関節症を患う人のために、佐喜眞義肢が使う人の視点に立って独自開発しました。変形性ひざ関節症は、老化などに伴う筋力低下から生じる症状。軟骨がすり減って骨同士がぶつかる痛みを軽減してくれます。

会社データ

創業 1980（昭和55）年　資本金 7,000万円　従業員 17名
事業内容 義肢装具の開発・製作・販売・修理
所在地 沖縄県国頭郡金武町金武10914

なぜ？ いつから？

「沖縄県金武町」で誕生したワケ

「ウェルネスの里」作りの企業誘致を受けて移転

創業者で現社長の佐喜眞保氏が、1980（昭和55）年に沖縄県宜野湾市で佐喜眞義肢製作所を設立。その後2008（平成20）年に同県国頭郡金武町から、ぎんばる基地跡地計画「ふるさとづくり整備事業」の「田園と海と川を活かしたウェルネスの里」作りの一環として、企業誘致を受けました。2014（平成26）年、金武町へ本社工場を移転。近隣の医療施設、リハビリセンター、福祉事業所などと連携して金武町とその周辺地域の医療・福祉に関わり続けています。

「ウェルネスの里」作り

1996（平成８）年に米軍のぎんばる基地返還が合意されたのを受け、跡地利用計画に盛り込まれました。放射線治療・健診クリニック、リハビリテーションクリニック、発達支援センターなどとともに、佐喜眞義肢のフィッティングセンターが設立されています。

移民の先駆け

金武町は移民の先駆けの町としても知られます。明治から大正時代にかけて、ハワイや北米、南米などへ、多くの人たちが移民し、その後日本から移民する人たちの基盤を作りました。移民を指導した當山久三は、「沖縄移民の父」と呼ばれ、金武町役場の裏には像（写真）があります。

データで見る「老年人口指数」

沖縄県と金武町の老年人口指数の推移

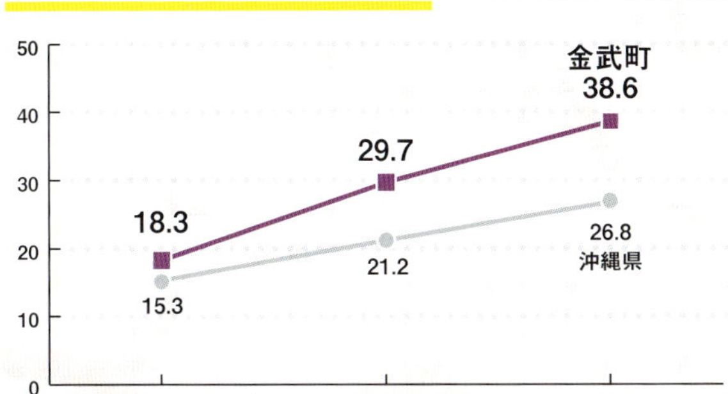

高齢化率（総人口に占める65歳以上の割合）が比較的低い沖縄県で、金武町の老年人口指数（生産年齢人口に占める老年人口の比率）は県平均に対して高く、働くお年寄りがより多い環境にあります。このため、「ウェルネスの里」の充実など健康増進の取り組みが急がれています。

出典：まち・ひと・しごと創生本部「地域経済分析システム（RESAS）」及び総務省統計局「国勢調査」

金武町ってこんなところ

沖縄県で有数の水どころ

沖縄本島の南岸中央部に位置する金武町は、那覇空港から車で約１時間の距離。太平洋に向かって細く突き出した金武岬は、美しい自然が地元でも愛されています。沖縄では有数の水どころの町として知られ、県内では珍しく稲作も盛ん。町内を流れる億首川は両岸にマングローブ林が広がり、美しい自然環境が旅行者も楽しませています。

金武町はメキシコ料理のタコスをアレンジしたタコライス発祥の地としても有名です。

関節装具CBブレースのココがスゴイ！

独自構造を考案して軽さと耐久性を両立、外見まで含めて装着の負担を大きく軽減しています。

スゴイ！1 使用者に寄り添う設計で独自に世界最軽量を実現

特許技術「CB構造」を導入し、強度を下げることなく世界最軽量を実現しました。また肌着のような軽い装着感と、無骨な従来製品に比べて外見がすっきりしているのも大きな特徴。服の上から見てもほとんど目立たず、装着感から外見まで使用者の立場に寄り添った製品となっています。

日々の活動も可能にし、外見上の違和感もありません。

スゴイ！2 自力で歩く筋力を養う幅広い方面から評価

高齢化にともなうひざの不調は、歩かなくなることでより筋力が衰え、ひざへの負担がさらに増すという悪循環に陥りがち。それに対してCBブレースは痛みをやわらげるだけでなく、自力で歩く筋力を養うことをサポートします。その効果は医療機関をはじめ幅広い方面から評価され、2001（平成13）年に「文部科学大臣賞」、2005（平成17）年に「ものづくり日本大賞」を受賞しています。

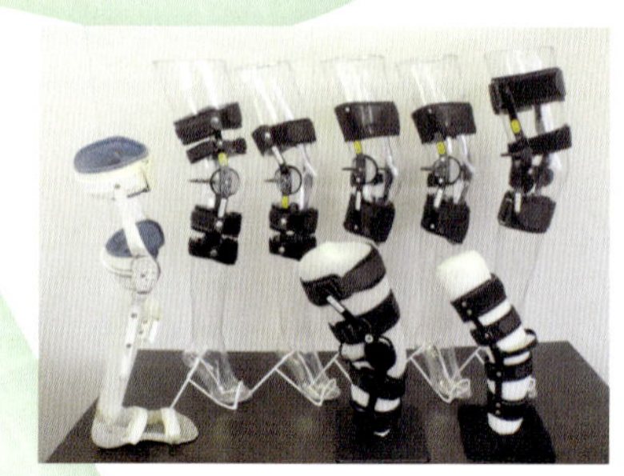

ひざ、ひじ用にさまざまな製品が開発されています。

丈夫で軽く履き心地の良い製品作りを心掛けています

代表取締役 **佐喜眞保さん**

1980（昭和55）年に佐喜眞義肢製作所を設立。1997（平成９）年に関節装具CBブレースを開発し、翌年、特許を取得。

Q1 開発のきっかけと特に苦心した点を教えてください。

ある半身麻痺の女性の装具作りを依頼されたのがきっかけです。従来品は重くてゴツいもので、利用するには肉体的・精神的に苦痛をともないました。そこで当社は「丈夫で軽く履き心地の良い関節装具」を目標に試行錯誤を重ね、独自構造を持った連結部材の開発、また軽量化に成功しました。同時に安全性も高まっています。

使用者の状態に応じて、手作業で作り上げていきます。

Q2 関節装具の今後の課題にはどんな点があるでしょうか。

本来は医療・福祉の現場とチームになって患者の改善に尽くすべきですが、制度上の問題から関節装具が利用されにくい状況があります。また、変形性ひざ関節症のための関節装具に対する評価も十分ではありません。そこで、地元で製品の紹介に努め、医師にも装具の必要性を認めてもらえるよう働きかけています。

さまざまな測定機器を開発に取り入れています。

世界に飛び立つ「関節装具CBブレース」

世界的に押し寄せる高齢化と途上国の成長で需要が高まる

世界的に深刻化する高齢化。変形性ひざ関節症や脳血管障害などによるまひも増加が見込まれ、その治療・改善を図る関節装具の需要も高まっています。また途上国の成長により、これまで医療を受けられなかった人が新たに装具を利用することも予想されます。そうしたなか佐喜眞義肢へ各国から問い合わせが相次いでいます。

「関節装具CBブレース」の主な輸出先

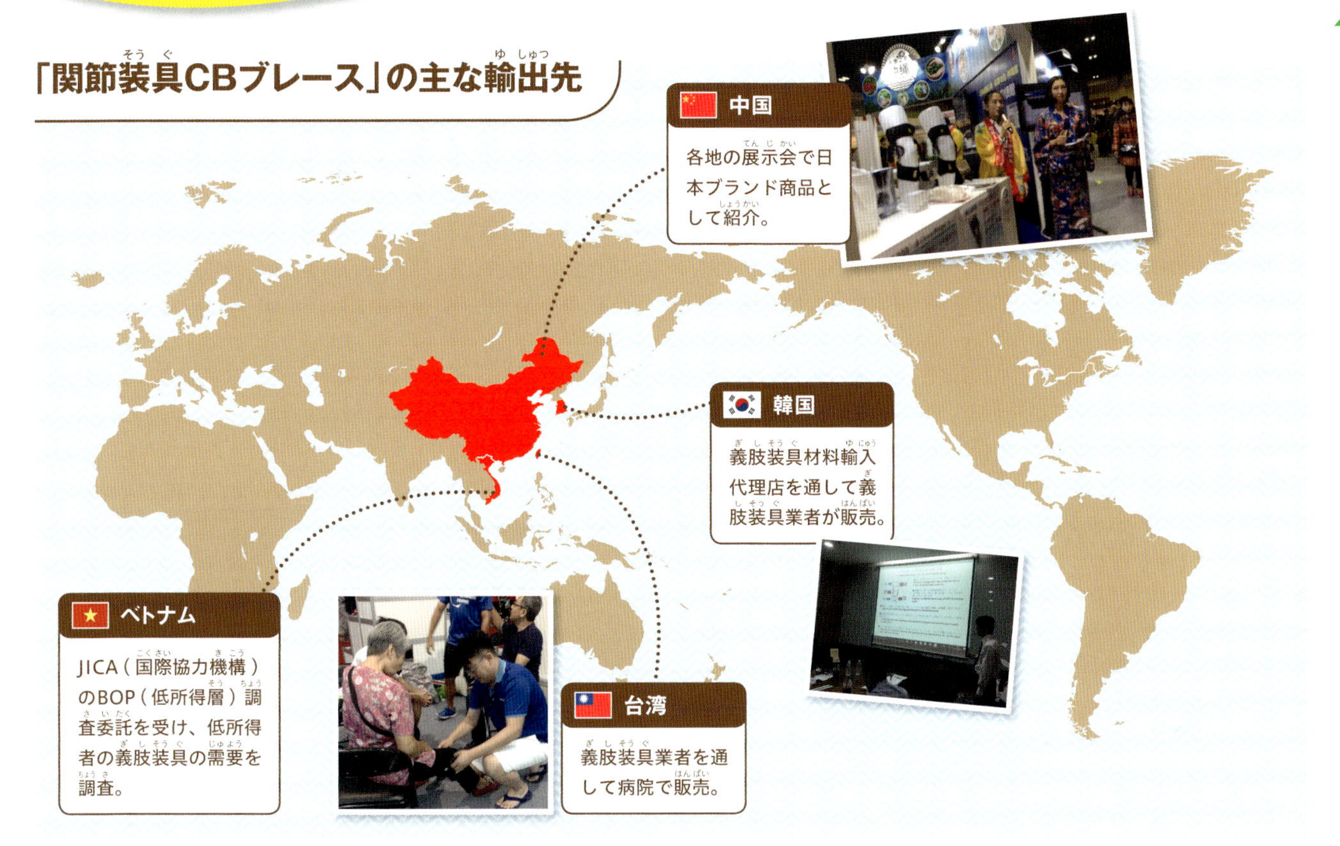

日本と海外 こんなところがちがう！

国ごとの医療制度の違いや独自基準を乗り越える工夫

日本ならではの正座にも対応できるよう工夫したCBブレース。一方で各国からのオファーもひっきりなしですが、輸出に際してハードルになるのが医療制度の違いです。医療保険が適用されない地域で普及させるため、佐喜眞義肢はコスト削減に取り組んでいます。また欧米は安全性などの基準がより厳しいため、これに適合するための工夫も欠かせません。

びっくり！ THE WORLD

脳から出た指令が腕へ最先端技術で指も動く

体の一部に装着して、不自由になった動きを取り戻すための器具の開発が世界的に進められています。「筋電義手」もそのひとつ。脳から出る腕の筋肉を動かす電気信号をキャッチして、思い通りに動かすことができるのです。

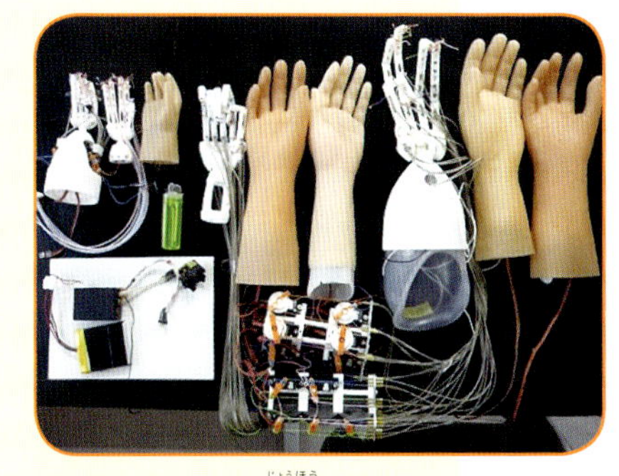

電気通信大学大学院情報理工学研究科横井浩史教授が開発した、さまざまな筋電義手。

●スタッフ

編集・執筆　株式会社ゴーシュ
（五島洪、菊地葉月）

執筆　小林聖
高月靖

デザイン　岡田恵子（ok design）

イラスト　角一葉

図版　梶村ともみ

DTP　但馬園子
株式会社秀文社

●資料提供

株式会社ヤナギヤ／ケージーエス株式会社／四国化工機株式会社／株式会社西部技研／オリエンタルカーペット株式会社／株式会社三英／根本特殊化学株式会社／テイボー株式会社／大地農園／太陽工業株式会社／北見木材株式会社／日プラ株式会社／株式会社佐喜眞義肢／ヤマハ株式会社／カイハラ株式会社／株式会社白鳳堂／宇部市／宇部蒲鉾株式会社／小川町／香川大学農学部／株式会社ヤオコー／金武町／古賀市／杉並アニメーションミュージアム／丹波市／電気通信大学／徳島市／福岡市／三木町／山辺町／写真JP

●参考資料

『グローバルニッチトップ企業100選』（経済産業省）、経済産業省ホームページ、財務省ホームページ、『日本のすごいモノづくり』（学研）、『日本の町工場』（双葉社）、『技術力で稼ぐ！ 日本のすごい町工場』（日経ビジネス文庫）、『ニッポンの「世界No.1」企業』（日本経済新聞出版社）、『隠れた名企業54 製造業編』（東京カレンダー）

この本に記載されている情報は2017年7月現在のものです。

あの町工場から世界へ

2017年9月初版
2017年9月第１刷発行

『あの町工場から世界へ』編集室・編

発行者　内田克幸

編　集　吉田明彦

発行所　株式会社 理論社
〒103-0001　東京都中央区日本橋小伝馬町9-10
電　話　営業 03-6264-8890
編集 03-6264-8891
URL　http://www.rironsha.com

印刷・製本　図書印刷株式会社

ISBN978-4-652-20213-5 NDC602　A4変型判　28cm 79p